中国云锦石

Yunjin Stone in China

项目名称：中国云锦石资源开发与保护研究
项目负责：戴光忠　孙邦复　陈国帅
编　　著：孙邦复　蒋远兴　郭洪涛　陈　林
审　　查：戴光忠　王洪发
编写单位：湖北省第二地质大队
单位负责：戴光忠（队长）
　　　　　刘昌雄（总工程师）
协作单位：湖北省观赏石协会

中国地质大学出版社有限责任公司
ZHONGGUO DIZHI DAXUE CHUBANSHE YOUXIAN ZEREN GONGSI

图书在版编目(CIP)数据

中国云锦石/孙邦复,蒋远兴,郭洪涛,陈林编著. —武汉:中国地质大学出版社有限责任公司,2011.9
ISBN 978-7-5625-2715-2
Ⅰ.①中…
Ⅱ.①孙…②蒋…③郭…④陈…
Ⅲ.①石-介绍-恩施土家族苗族自治州
Ⅳ.①TS933

中国版本图书馆CIP数据核字(2011)第166435号

中国云锦石		孙邦复 蒋远兴 郭洪涛 陈林 编著
责任编辑:徐润英	技术编辑:阮一飞	责任校对:戴 莹
出版发行:中国地质大学出版社有限责任公司 (武汉市洪山区鲁磨路388号)		邮政编码:430074
电　话:(027)67883511　　传　真:(027)67883580		E-mail:cbb@cug.edu.cn
经　销:全国新华书店		http://www.cugp.cug.edu.cn
开本:880毫米×1 230毫米 1/16		字数:640千字　印张:19.25
版次:2011年9月第1版		印次:2011年9月第1次印刷
印刷:武汉中远印务有限公司		印数:1—3 500册
ISBN 978-7-5625-2715-2		定价:298.00元

如有印装质量问题请与印刷厂联系调换

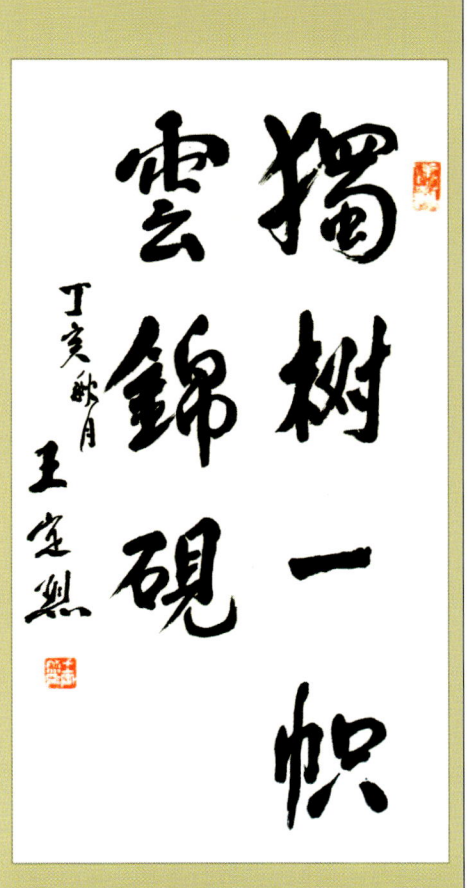

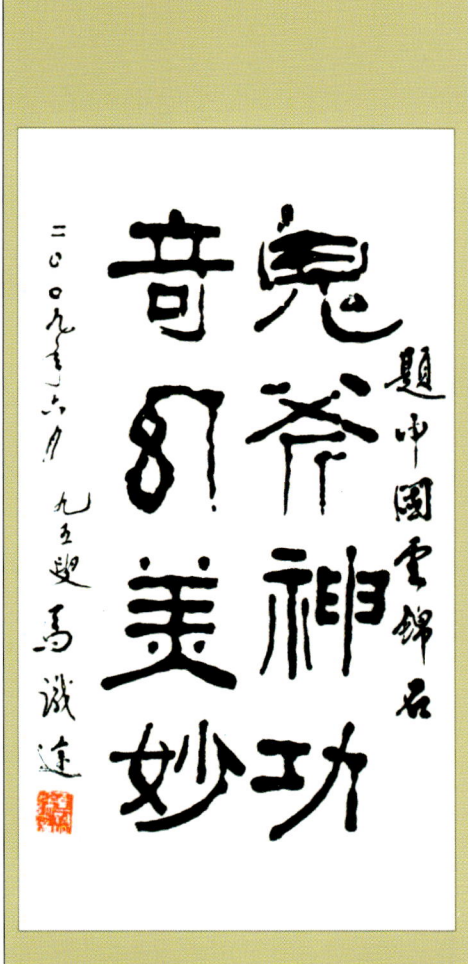

恩施军分区首任司令员、中国人民解放军原空军副司令员 王定烈将军 题词

当代著名作家、《清江壮歌》的作者、中国作家协会原副主席 马识途 题词

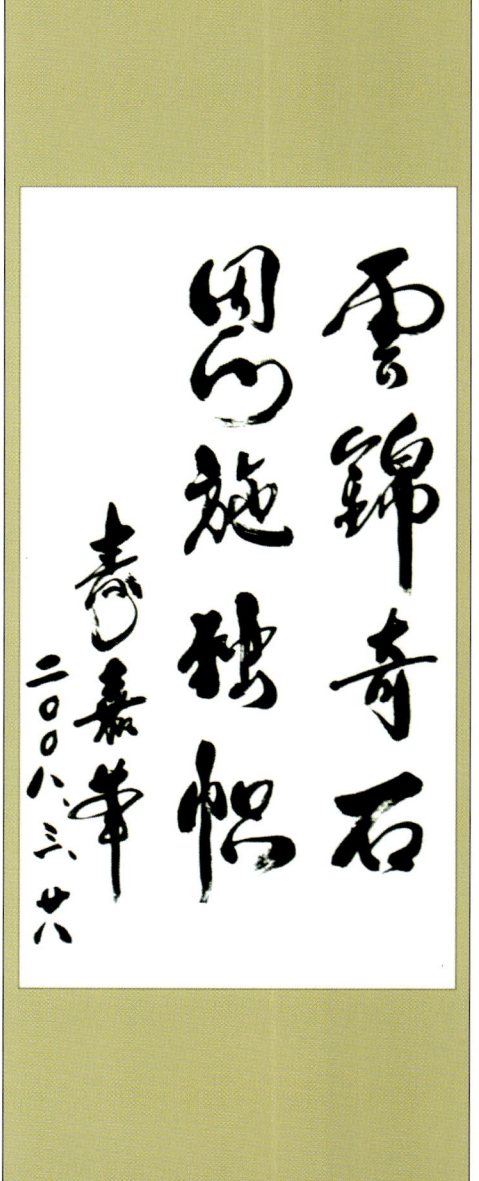

中国观赏石协会会长
寿嘉华 题词

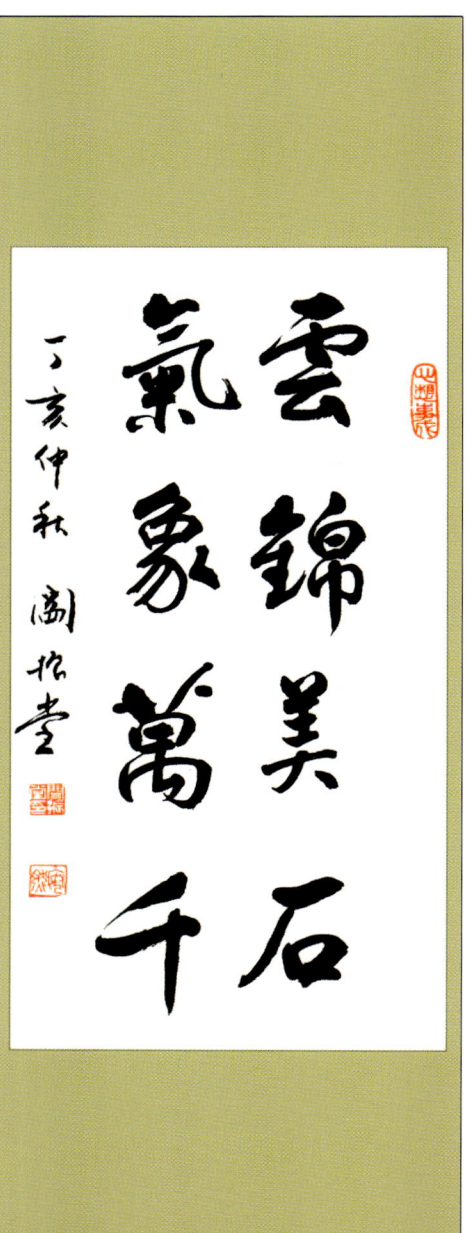

中国收藏家协会会长
阎振堂 题词

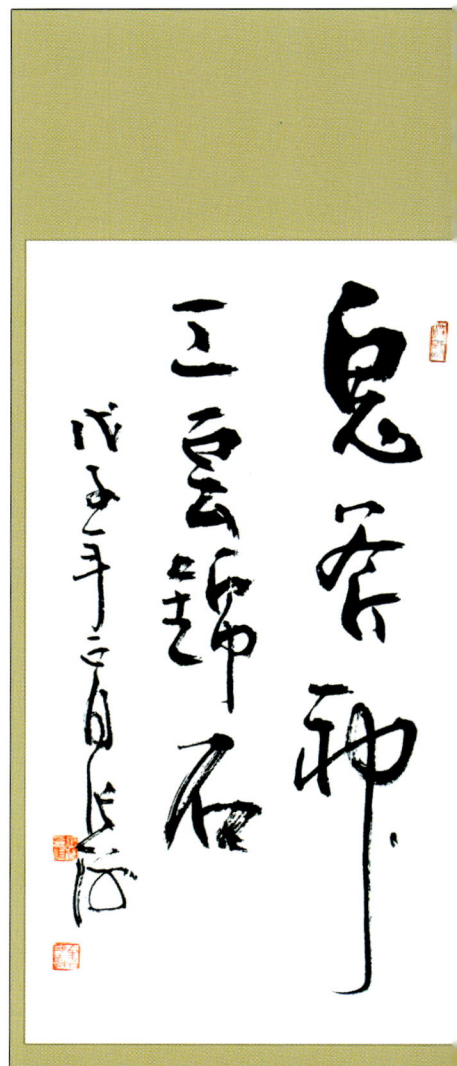

中国书法家协会主席
张海 题词

2010年,湖北省第二地质大队为了深化地质科技服务,弘扬奇石文化、倡导地质科普,建成了"恩施地质珠宝奇石馆",现该队又推出了《中国云锦石》一书。这无疑是有益于我省奇石文化与奇石产业发展的两件盛事。

湖北位于我国地形第二阶梯与第三阶梯的交接部,地质演化历史悠长,区内保存了我国南方比较完整的一套元古代地层,同时从古生代、中生代到新生代地层也发育完好。长期多次的构造作用,频繁而多种类型的岩浆活动,区域动力热流变质作用的影响,特定的地质环境和优越的成矿地质条件,形成了种类齐全、类型多样、组合各异、总量丰富的矿产资源;地壳运动的原始作用,无数次沧海桑田的轮回巨变,加上矿产资源的星罗棋布与长江等庞大水系呈蛛网状的纵横交织,并经过大地漫长的岩石运动、风化溶蚀与时空的孕育,才得以造就了我省绿松石、孔雀石、自然铜、三峡卵石、神农石、水晶晶簇,以及恐龙蛋、各种化石等琳琅满目的观赏石资源。尤其是恩施自治州更是得天独厚,历来享有奇石宝库的美誉。现已发现、开发的优质奇石品种有云锦石、菊花石、清江卵石、冰晶石、红丝石、山体造型石、百鹤玉、腾龙玉、松香玉、珊瑚玉、墨玉、震旦角石等十余种,以及藏在深山人未识的无数新石种,作为价值极为可观的社会财富,为恩施大力发展奇石经济提供了雄厚的资源储备。

1996年,恩施的奇石爱好者在恩施盆地的清江河漫滩中奇迹般地发现了举世无双的天然雕塑——中国云锦石。云锦石具有诡奇的蛋体多层包裹结构、石表瑰丽的天雕云气纹图案、万变莫测的奇幻形态、坚润如玉的质地、古雅高贵的色泽等优秀审美特征,被誉为"清江魔石",堪称中华奇石皇后,理所当然地成为恩施奇石第一品牌。

奇石作为自然美信息的物质载体,人们对其收藏的主要目的是观赏,即利用其审美价值,从而获得精神愉悦和艺术享受。我们应通过广泛宣传,积极引导大众化的奇石鉴赏与奇石收藏风尚,提倡奇石消费以促进奇石市场的日益兴旺和奇石文化的不断繁荣,努力为社会主义精神文明建设服务。显然,在众多奇石中,那些富于特色,具有突出审美价值和收藏品味的石种,更可能成为中华民族优秀的精神和物质的宝贵财富。天赐美雕云锦石正是其中奇异非凡、出类拔萃者,堪称"奇石中的奇石",无愧为恩施之宝、湖北之宝、国家之宝。中国观赏石协会寿嘉华会长高度评赞中国云锦石,特书题词:"云锦奇石,恩施独帜。"

《中国云锦石》一书是恩施地质工作者和奇石爱好者对于云锦石开发历程的客观总结,也是地方奇石科技攻关课题和地质科技服务的可喜成果。该书的特色在于:资料翔实,论述深刻,合理地探析了云锦石的自然形成过程及成因,具有较强的科学性与可信度;结构严谨,文辞流畅,恰当地分析总结了云锦石的主要美学特征与综合价值,具有较强的可读性与感染力;图版所选石品精美,图像绚丽,全面地展现了云锦石叹为观止的自然美与艺术美,具有较高的欣赏价值与收藏价值。

中共中央政治局常委、全国政协主席贾庆林指出:"赏石文化大有文章,赏石文化今后要发展成为一大文化门类。"当前,在国家大力提倡和组织下,中华赏石文化正以其蓬勃兴旺的态势进入一个与多元文化竞相争辉的崭新时期。赏石、觅石、藏石活动如火如荼,空前普及,赏石市场正步步走向繁荣与规范,赏石新种不断被发现开采,赏石理论也在百家争鸣的探索中与时俱进,逐步达到一个个新的高度。我们希望《中国云锦石》一书的出版,有利于促进地质科普活动的开展,或能为奇石文化的参天大树添上一片青翠的新叶或一滴晶莹的露珠!

科学发展观的浩荡春风吹遍了神州大地的每个角落,地质勘查事业任重而道远,面临着不断为经济社会全面协调可持续发展提供更加有力的资源保障和基础支撑的艰巨任务。在我国经济领域中,观赏石已成为一个极具发展潜力和发展前景的新兴产业。我们要在全面做好地质勘查工作的同时,努力为地方观赏石产业经济的发展提供一切可能的优质科技服务。

二〇一一年五月

前言

恩施土家族苗族自治州位于湘、鄂、渝、黔交界处,清江自西向东横贯其境。澄碧如带的江流从大龙潭冲出恩施大峡谷后,便逶迤穿越首府恩施市区,流经五峰山巅的巍巍连珠塔下,又蜿蜒奔涌入深壑幽谷之中。

自1996年在恩施盆地的清江河漫滩中发现中国云锦石以来,当地一些石友已陆续撰文,向石界介绍这一奇石新品种;同时,云锦石在各地石展中频频亮相,展现了她独特的天生丽质与迷人风采,令广大石友与观赏石专家耳目一新,赞誉如潮,从而使云锦石成为石界新星,蜚声国内外。

中国云锦石瑰丽多姿,奇异绝美,属于世界上极为罕见、极其宝贵的"天然雕塑"。不少赏析文章对其一般审美特征已有论述,众多报刊杂志、图集及网络也刊载了大量云锦石照片。人们对于这一奇石新品种的收藏热情和探究兴趣盎然可嘉。

为了科学开发与保护云锦石资源,恩施自治州科学技术局以其远见卓识,特为恩施土家族苗族自治州云锦石科技信息研究所下达了"中国云锦石与云锦砚的开发利用研究"科技攻关课题计划;为了打造奇石文化品牌,湖北省地质矿产勘查开发局高瞻远瞩,又将中国云锦石的科研课题纳入省级地质科研计划。根据两级课题任务要求,我们分别将云锦石的外层粘土层(强氧化层)、花纹层(次生氧化层)和残留的石心(原生层)取样,委托中国科学院地质与地球物理研究所实验室完成了理化分析;考察研究了云锦石的产出环境、分布范围、形态结构、理化性质、矿物组成及开发利用状况;研究探讨了云锦石的大致成因和形成过程;赏析了云锦石自然美与艺术美的种种表现形式;拍摄了产地云锦石与云锦石工艺品部分精品照片。《中国云锦石》一书的出版,旨在为产地提供一份翔实、科学的云锦石专题文献,并借以从逆向验证一位外国作家的名言:"任何事情在未被记录下来之前都没有真正发生过。"

书中所有的观点、论述仅作为一家之言供参考,希望能对于人们鉴赏云锦石及营造云锦石文化有所裨益;错谬之处在所难免,希望各位专家学者和广大石友予以斧正,不吝赐教。

编著者

二〇一一年七月

Foreword

Enshi Tujia and Miao Autonomous Prefecture is situated in the bordering area of Hunan, Hubei, Chongqing and Gueizhou. The fascinating Qing River flows through the city from the west to the east. As a green banding belt, the river rushes out of the Great Valley through the Big Dragan Pond, winding its way through the prefectural capital down to the Wufeng Tower, and then rolling into the deep gully.

In 1996, a rare type of Yunjin Stone was discovered in the River's beach. Since then, some stone researchers have written many articles to introduce such a new rock type for appreciation, and at the same time, Yunjin Stone has been shown and often exhibited to present its natural beauty and elegance, which attracts more stone researchers and experts to appreciate its valuable quality with full praises of its natural relief patterns of mysterious images as a newest type.

With its magnificent elegance and thrilling beauty Yunjn Stone belongs to a valuable type of the natural sculpture in the nature. Its feature of perfectly charming is generally acknowledged. Many articles in various magazines and pictorials have introduced its characteristics and presented the stone photos in the internet. More and more people begin to collect the stone as their newest curiositics with the increasing interests.

In order to scientifically explore and protect Yunjin Stone resources, the Prefecture Bureau of Science Technology has issued an important research task titled as The Exploration and Utilization of Chinse Yunjin Stone and Yunjin lnkstone. To make a new top brand, the Province Bureau of Geological Survey and Mineral Deposits Exploration has brought the research task into the provincial plan. According the plan, we have taken samples of the stone's three lagers, clay relay(stroug oxi- diational relayer), deorative patten(sub-oxidiational relayer)and the core (the primitive layer), to make a scientific festification thtrough physical and chemical analyses by China Science Academy. We have also searched after the environment of the Stone's districts, the distribution scope, the pattern structure, the physical and chemical characteristics, the mineral composition, the conditions of its exploration and utility, the contributing factors and its processional formation. All the displaying shapes of the natural and artistic beauty have been analyzed and a number of exquistic photos have been taken. The publication of the book Yunjin Stone in China provides us with a detailed and accurate documents and materials. All this verifies inversely a foreign writer's statement that nothing has happened before it was recorded.

The oppions and statements in the book are only given for reference, and I hope it might be instructive for the stone culture in appreciation. I earnestly request experts and scholars in different circles to give me advice to correct the mistakes in the book.

(鲁恩宁 译)

目 录

第一章　中国云锦石的发现　　　　　　　　　　1
一、云锦石的发现　　　　　　　　　　　　　　1
二、云锦石名称的由来　　　　　　　　　　　　2

第二章　中国云锦石的产地与分布　　　　　　　4
一、恩施概况　　　　　　　　　　　　　　　　4
二、云锦石的分布状况　　　　　　　　　　　　7

第三章　中国云锦石的形态结构、种类及物质组成　9
一、云锦石的形态结构　　　　　　　　　　　　9
二、云锦石的种类　　　　　　　　　　　　　　10
三、云锦石的物质组成　　　　　　　　　　　　14

第四章　中国云锦石的成因试析　　　　　　　　20
一、云锦石形成的环境条件　　　　　　　　　　20
二、云锦石的形成过程　　　　　　　　　　　　20
三、云锦石的成因试析　　　　　　　　　　　　22

第五章　中国云锦石自然美的表现形式（一）　　25
一、披甲藏胎的结构美　　　　　　　　　　　　25
二、鬼斧神工的天雕美　　　　　　　　　　　　27

第六章　中国云锦石自然美的表现形式（二）　　36
一、诡异瑰丽的图纹美　　　　　　　　　　　　36
二、古雅高贵的色泽美　　　　　　　　　　　　49

第七章　中国云锦石自然美的表现形式（三）　　54
一、形妙神绝的具象美　　　　　　　　　　　　54
二、意蕴奇幻的抽象美　　　　　　　　　　　　59
三、内刚外秀的质地美　　　　　　　　　　　　66

四、金声玉振的音律美　　　　　　　　　　68

第八章　中国云锦石自然美的思考　　69
一、美是什么？　　　　　　　　　　　　69
二、奇石自然美与人为艺术美之比较　　　72

第九章　中国云锦石的价值分析　　　　78
一、奇石的价值体系　　　　　　　　　　78
二、云锦石的价值分析　　　　　　　　　79

第十章　中国云锦石的采掘与收藏　　　85
一、云锦石的采掘　　　　　　　　　　　85
二、云锦石的收藏　　　　　　　　　　　88

第十一章　中国云锦石的欣赏鉴评　　　96
一、云锦石的欣赏　　　　　　　　　　　96
二、云锦石的鉴评　　　　　　　　　　　98

第十二章　中国云锦石工艺品　　　　　102
一、云锦石工艺品的品类与特色　　　　102
二、中国云锦砚——施砚　　　　　　　105

第十三章　中国云锦石文化　　　　　　110
一、恩施奇石文化的源流　　　　　　　110
二、云锦石开启了恩施奇石文化的新篇章　112
三、云锦石是独一无二的新石种　　　　115
四、独树一帜云锦砚　　　　　　　　　118

第十四章　中国云锦石的资源开发与保护　120
一、云锦石的资源开发状况堪忧　　　　120
二、关于云锦石资源开发与保护的设想　121

尾　声　　　　　　　　　　　　　　　126

参考文献　　　　　　　　　　　　　　129

图　版　　　　　　　　　　　　　　　131

后　记　　　　　　　　　　　　　　　298

第一章 中国云锦石的发现

一、云锦石的发现

中华奇石文化源远流长,博大精深,得天独厚的石种资源是奇石产业赖以发展的物质基础与奇石文化广泛传播的主要信息载体。我国国土辽阔,地质基础及自然条件极为优越,奇石品种资源丰富多彩,这是一笔价值巨大的国家宝藏。由于多种原因,历史上对于大多数石种的发现都无可靠文献予以记载,究竟何人何时何地如何发现的,多无从考证。应该说发现一个奇石新品种,无论从自然科学还是从社会科学的角度看,均应视其为一项难能可贵的发现,也是对于社会的一种贡献。据传说浙江青田石的发现就是宋朝的一位樵夫在砍柴时因柴刀误砍在石头上而发现这种美玉的。中国云锦石的发现也有一个漫长的过程。

据产地石农介绍,云锦石很早就被清江洪水冲到河滩或岸边的现象多年来一直存在,因石头多被厚厚的泥土包裹,其花纹层一般不太显露,加上那个年代人们毫无赏石观念,也难得有闲情逸致,故大多数人不会注意到此石的出现和存在,或者熟视无睹,司空见惯而已。一石农反映,60年代有一位驻队的水电技术人员发现了云锦石上的花纹很好看,便自己捡了一些带回家收藏;据一位"文革"期间曾被下放到旗峰酒厂劳动的干部回忆,他每天多次到河边挑水,偶然发现了云锦石,觉得好看好玩,就顺便捡了些到酒厂,后来离开时还带了几个回到东乡家中,保存了很久;州麻纺厂建成投产后,当时一位厂领导发现云锦石形纹质色均佳,特别喜爱,于是收集了很多带回州外老家了。

1996年3月的一天清晨,一位土家族退休职工在恩施城清江姊妹桥下的河边觅石,突然发现前方有一块碗大的黄色石头,于是急忙走过去捡起来一看,只见石上露出了弯弯曲曲的花纹。他立即拿到水中去刷洗干净,结果惊人的画面出现了:这块偶然发现的花石头底色为灰白,突出部分花纹秀美,淡黄色,曲如云线一般;石头厚度约5cm,高、宽各约10cm,呈扁圆形。见到手中如此奇特甚美的石头,他如获至宝,立刻拿回家中,经反复把玩后,便命名为"嫦娥宫"。这一意外发现吸引了几位爱好盆景根艺与奇石的伙伴,他们共赏了那枚被命名为"嫦娥宫"的花石头。此后,这些石友相邀一起向清江上游河坝寻石,揭开了群体性开发花石头的序幕。他们在大龙潭至麻纺厂的两岸河坝里漫游式地寻觅,自由捡拾,皆有收获。但是,大家很快发现,暴露于河滩表面且又上档次的花石头实在是太少了。于是石友们推测在河漫滩地下可能埋藏有这种石头,并将试采挖石地点选在大龙潭(图2-1中标示的C点),采用十字镐开挖试掘。想不到奇迹真的出现了,破土不太深竟旗开得胜,挖出了首枚原生的花石头。由于此石埋藏于砂砾层中,挖起来非常艰难,石友们便向当地采沙石的农民宣传观赏石的价值,动员他们在采沙石的同时也采挖花石头卖给石友(图1-1)。

这样一来,石友们自己挖,同时也从农民手中买,工效大为提高。由于大龙潭、小村、三步岩前的埋藏点面积太小,经过两年的挖掘,资源也就不多了。为了寻找新的花石头埋藏点,石友们便从大龙潭转向下游旗峰六组旁边的沙坝(图2-1中标示的D点)。此处河漫滩面积宽阔,砂砾石层和边缘的泥砾层很厚,花石头资源的藏量甚丰。当地的石农从1997年底始开采至今,那里一直在不停地产出,成为石农们的重要收入来源,也是石友们买石、寻石的主要去处。

法国伟大的雕塑家罗丹说得好:"美是无所不在的,对于我们的眼睛不是缺乏美,而是缺少发现。"发现是对生活采取的一种积极、睿智的态度;发现,意味着在别人司空见惯的现象中能够发现出美来。假如恩施的石友们作为审美主体缺少发现美的眼光,又缺乏智慧和毅力,那么,作为审美客体,不知道还要过多久,中国云锦石才会被人们所发现收藏。

图1-1　石农在砂砾层中挖掘云锦石

二、云锦石名称的由来

自从在清江中发现奇美的花石头后,石友们经过多次赏石交流,各抒己见,集思广益,基本上确认了该石种的主体纹饰为云纹。有人提议:这么好看的石头,也许为我们恩施所独有,应该给它起个石名,便于称呼和宣传。于是,一位石友经过一番联想思索,首先提出"云锦石"的名称供大家参考。大家一听觉得这个名字好,便一致同意取名为"清江云锦石"。云锦石因石表颜色略似陶器,曾一度被人称为"古陶石",但广大石友在觅石赏石活动中以"云锦石"相称者居多,言之习惯顺口,听之耳熟能详,或干脆昵称"云锦"二字。

2001年,宜昌赏石家来层林先生所撰文《菊花云锦醉梦魂》中谈到云锦石石名时指出:"当时(1997年)名曰'古陶石'。余觉欠佳,没有反映该石的天生丽质。后来归还原名'云锦石',这样就名副其'石'了。"至此,云锦石作为一个新的石种,根据其显著特征和多数人及赏石家的意见,其大名以定为"中国云锦石"为宜。值得庆幸的是,"中国云锦石"的大名已于2002年经《花卉》杂志以大字标题正式公布。至于云锦石被誉为"清江魔石"或"中国云锦魔石"之雅名,这是人们惊叹云锦石无与伦比的天生丽质与神秘莫测的成因而发自肺腑的赞辞。由于恩施州外很多石友至今对于云锦石的奇质异美还缺乏感性认识,故对于"中国云锦魔石"之名似乎有点不太理解。这恐怕由以下原因所致:一是不了解"魔石"中"魔"字的本义,误以为"魔"就是鬼神魔怪。其实,《现代汉语词典》对于魔字的注释为:①魔鬼。②神秘;奇异:如魔力;魔术。所谓"中国云锦魔石"只是说它是"神秘、奇异的石头"而已;二是有的石友误将"中国云锦魔石"与《哈里·波特与魔法石》等怪异小说或网络游戏中的那些魔石混为一谈。试想，云锦石一出土便是一件完整的"天然石雕艺术品"，且其形态千奇百怪，其图纹诡异奇幻，美不胜收，魅力无穷，这难道不算人间一大奇迹吗？仅此，就足以称其为"中国云锦魔石"了。王朝闻先生在《石道因缘》中指出："赏石引起势欲飞动的联想，既源于观赏石的形体特征，也源于观赏者的鉴赏能力。供观赏的石头在形态方面具备一种魔力，能够激发观赏者的想象，这是对象所具有的一种可贵的审美特征。"中国云锦石正是具备了这种"魔力"，可当之无愧地被誉为"魔石"。

第二章 中国云锦石的产地与分布

一、恩施概况

"山川之精英,每泄为至宝;乾坤之瑞气,恒结为奇珍。"也许是人杰地灵,也许是天道酬勤,上天偏偏眷顾恩施,特将中国云锦石这一举世无双的宝藏赐予这里的莘莘子民。中国云锦石独产于恩施土家族苗族自治州的首府恩施市郊,主埋藏点则位于清江大龙潭旅游风景区内。

恩施土家族苗族自治州位于湖北省西南边陲,雄伟壮丽的长江三峡恰如一条迎风飘舞、曲柔迷人的彩带,装饰着这片奇秀而神秘的莽莽山川。恩施州地跨东经108°21'37″—110°38'21″,北纬29°07'11″—31°24'03″;东连荆楚,南接潇湘,西邻渝黔,北靠神农架,处于我国中西部两大经济地带的结合部,是通向我国大西南的门户;318、209国道贯通其境,宜万铁路、沪蓉西高速公路业已建成通车;恩施空港可降落波音737客机,现已开通恩施至武汉、广州、重庆、北京、上海、宜昌等地航线;全州辖恩施、利川2市和巴东、建始、宣恩、咸丰、来凤、鹤峰6县,总面积2.4万km²,总人口390万。恩施自治州首府恩施市是湖北省历史文化名城。

自唐宋至清,历代许多诗圣文豪如李白、杜甫、刘禹锡、苏轼、苏辙、黄庭坚、陆游、寇准、顾彩等曾有幸与恩施结缘,在千山万水间留迹,写下了大量豪情满怀、千古传诵的不朽诗章。李白三到三峡,写了8首歌颂三峡的诗,白居易在三峡写了200多首诗,杜甫写了400多首诗。

唐乾元二年,李白在三峡流放途中,遇赦东归,喜极而泣,吟出了千古绝唱七言绝句《下江陵》:

> 朝辞白帝彩云间,千里江陵一日还。
>
> 两岸猿声啼不住,轻舟已过万重山。

杜甫曾在巴东神农溪于长江交汇处飘徙,留有《西瀼溪》一诗:

> 迢迢水出走长蛇,怀抱江村在野牙。
>
> 一叶兰舟龙洞府,数间茅屋野人家。
>
> 冬来纯绿松杉树,春到间红桃李花。
>
> 山下青莲遗故址,时时常有白云遮。

北宋名相寇准(961—1023),字平仲,华州下邽(今陕西渭南)人。寇准20岁任巴东县令,在任三年,政绩不凡,留存诗作125首,亲编为《巴东集》。

此录《巴东寒食》律诗一首:

> 春雨萧萧寒食天,远行犹在楚江边。
>
> 人思故国迷残照,鸟隔深花语断烟。
>
> 薄宦未能酬壮节,良时空自感流年。

因循未学陶潜兴,长见孤云倍黯然。

苏轼留有关于恩施的诗七律二首,其中《送乔施州》写道:

　　恨无负郭田二顷,空有在行书五车。
　　江上青山横绝壁,云间细路蹑飞蛇。
　　鸡号黑暗通蛮货,蜂闹黄连采蜜花。
　　共怪河南门下客,不应万里向长沙。

黄庭坚关于恩施的诗现存九首。其中一首《石通洞》为宋绍圣二年,黄庭坚被贬涪州,往巫山探望其弟嗣直,取道建始,游石通洞后所作,并题壁"涪翁"二字:

　　古木萧萧洞口风,昔人曾此出樊笼。
　　崖前况有涓涓水,好涤尘襟去效翁。

抗日战争时期因武汉沦陷,恩施曾作为湖北省临时省会和第六战区长官司令部驻地长达7年之久。抗日名将新四军军长叶挺曾两度被蒋介石囚禁于恩施。面对国民党反动派的威逼利诱,叶挺大义凛然,丝毫不为所动,令敌人种种阴谋破灭。现恩施市后山湾建有《叶挺囚居旧址纪念馆》。中国当代著名作家马识途的长篇小说《清江壮歌》是描写抗战时恩施人民革命斗争的红色经典,其中作品主人公中共鄂西特委书记贺国威(何功伟烈士)、妇女部长柳一清(刘惠馨烈士),在白色恐怖下,顽强战斗,高风亮节,视死如归,慷慨就义,谱写了惊天地、泣鬼神的英雄史诗《清江壮歌》:

　　清江之水浪滔滔,壮士横眉歌且啸。
　　为使人民求解放,拼将热血洒荒郊。
　　东看雨花英魂远,北望长城云梦遥。
　　雾散霞开天欲曙,红旗满地迎风飘。

1939—1940年,我国地质学泰斗李四光先生曾全面考察了鄂西等地第四纪冰川遗迹,并在恩施龙洞民房内写下了《鄂西川东湘西桂北第四世纪冰川现象述要》等重要地质科学论文。李四光先生对鄂西冰川做出科学断言:"由此可见前后共有三次冰流达于恩施盆地。第一次冰流最广,或遍布盆地全境。第二次冰流仅掩覆盆地西部。第三次冰流则甚小,仅沿现今河床流注,至小龙潭下五、六里之处即止。"

在恩施尘封的史前史中,竟隐藏着事关人类起源的惊天大秘密。2005年12月15日,地处恩施自治州建始县高坪镇的建始直立人遗址,再次发掘出3枚古人类牙齿化石。中科院古脊椎动物与古人类研究所教授郑绍华等专家初步认定:"建始人"的生活时代距今约为195—215万年,属于人类的早期成员,比目前发现的非洲古人类化石还要早几十万年。"建始人"有可能真的是整个华夏民族种群、东亚人种群,甚至人类的起源,足以挑战人类起源非洲之说。

恩施拥有浓郁的民风民俗与深厚的民族文化艺术积淀。女儿会的情意绵绵,撒尔嗬的生命礼赞,咂酒大肉的好客豪气,西兰卡普的斑斓神秘,《龙船调》的婉转抒情,《黄四姐》的火辣迷人,《摆手舞》的大气磅礴,《肉连响》的坦诚健美,虎钮錞于的军乐铿锵等,这些传承着民族精神基因的文化遗产将伴随着自治州的历史脚步不断繁衍光大。

恩施土家族苗族自治州属亚热带季风性潮湿气候,同时兼备山区明显的立体气候差异。热量资源丰富,水分条件良好,具有四季分明,光照充足,雨热同季,雨量充沛,春早、夏湿、秋迟、冬暖、无霜期较长等特点。多年平均年无霜期为280天，多年平均气温16℃～17℃，多年平均年降雨量达1 573mm。全州境内有大小河流60余条，流域面积23 942km^2。

清江流域早在新元古代、南华纪至震旦纪时是一个古海，后从古生代寒武纪至中三叠世，经过多次海进（沉积）、海退（剥蚀），到了三叠纪晚期脱离了海侵，新生代以来强烈隆起成山，属云贵高原东延尾部向平原过渡地带。南华系、震旦系、寒武系、奥陶系、志留系、泥盆系、石炭系、二叠系、三叠系、侏罗系、白垩系及第四系地层均有出露，全流域无火成岩出露；石灰岩出露广泛，流域大多为侵蚀构造，岩溶地貌十分发育，石芽、溶洞、伏流、盲谷、溶蚀洼地遍布。王增银等1999年通过对鄂西清江地区构造运动发展演化史研究结果，认为清江是在中更新世时期由江汉盆地水系袭夺恩施盆地水系而形成的。

清江古名夷水，发源于利川市齐岳山龙洞沟。北魏郦道元《水经注》卷37《夷水》载："夷水出巴郡鱼复县江。夷水，即佷山清江也，水色清照十丈，分沙石。蜀人见其澄清，因名清江也。"

"夷水又径宜都北，东入大江，有泾渭之比，亦谓之佷山北溪。水所经皆石山，略无土岸。其水虚映，俯视游鱼，如乘空也。浅处多五色石，冬夏激素飞清，傍多茂木空岫，静夜听之，恒有清响。百鸟翔禽，哀鸣相和，巡颏浪者，不觉疲而忘归矣。"

八百里清江由两千多条洞泉溪流汇聚而成，江流蜿蜒曲折，自由穿行于千山万壑、林莽云海之间。时而汹涌澎湃，雪浪滔滔，摧枯拉朽，所向披靡，恰如千万匹脱缰野马般咆哮奔腾；时而温柔娴静，瑰丽多姿，湛蓝碧透，波光粼粼，好似巨大无比的翡翠悠然流淌。

八百里清江滩多流急，峡中有峡，滩中含滩，江流回环曲折，峰峦夹江壁立；青山常青，碧水长流，波平浪静，云卷霞舒，彩虹映入江底，长天共水一色；绿荫夹岸，芳草萋萋，青林翠竹，四时具备；晓雾缭绕，松风清心，月色朦胧，泉水激石。

八百里清江之水酸碱度适中，溶氧充足，水质清新。特定的环境，优异的水质，适宜的气候，盛产清江鲤、清江鲢等数十种美名远扬的清江鱼。

清江之秀，胡耀邦同志曾深情地赞美她可与欧洲的蓝色多瑙河媲美；清江之清，朱镕基同志曾佩服地夸赞她在全国的水中是最清的。汉代河上公曰："无色曰夷。"那么，"夷水"者，也可理解为无色之水也。无色之谓清，清江之清，令人联想起契诃夫笔下贝加尔湖的清澈："湖水清澈透明，透过水面就像透过空气一样，一切都历历在目，温柔碧绿的水色令人赏心悦目……"

恩施州是最适宜人类居住的地区。这里地处亚热带季风性山地湿润气候，冬少严寒，夏无酷暑，天蓝气润，空气清新，被称为"天然氧吧"；这里森林茂密，植被良好，"古银杏群落"、"古杜鹃群落"、"古珙桐群落"、"古杨梅群落"世界罕见，森林覆盖率达62%，被称为"鄂西林海"，是百万年前孑遗植物水杉的原产地；这里人与自然和谐相处，物种繁茂，资源富集，是各类动植物生长的理想家园，被称为"华中动植物基因库"。恩施自治州拥有世界唯一的硒矿床，恩施市被誉为"中国硒都"。

恩施州旅游资源独具特色，被誉为"中国健康旅游基地"。处处崇山峻岭，峰峦连绵，溶洞飞瀑，奇石秀水，佳林名卉，形成了秀、雄、奇、绝、险的旅游景观，与张家界、长江三峡构成了中国黄金旅游线上的"金三角"，现已纳入鄂西生态旅游文化圈。腾龙洞大峡谷地质公园位于利川市、恩施市境内，属于地质地貌类的地质公园，共计面积223.94km^2。它沿清江河谷东西方向延伸48.37km，宽度以清江河谷和清江伏流为中轴线，在南北向宽5～8km范围内，共分6个景区：腾龙洞园区、龙门园区、黑洞园区、雪照河园区、七星寨园区、恩施大峡谷园区。该地质公园主体景观为形态奇特、体量巨大的世界级岩溶景观，景观美学价值高，保存完好，具有很高的科学、旅游、探险等多重价值，具有极高的富集性、科学性、奇异性、综合性等特点，其系统性、典型性、自然性、优美性是岩溶景观的典型代表。著名古建筑学家、华中科技大学张良皋教授深情地赋诗赞美恩施清江壮丽的山川和伟大的人民：

> 锦绣清江八百里，文明巴子五千年。
> 天钟林秀藏幽壑，地毓英豪隐野山。
> 迷径九逵通楚蜀，遗音百啭唱彭咸。
> 武陵古国风光好，不必桃花认旧源。

二、云锦石的分布状况

中国云锦石产在清江中上游的恩施盆地内，分布在相对稳定的清江河漫滩的砂砾石层、泥砾层中。目前发现的云锦石原产点分布在大龙潭峡口外至红庙渡口这一河段（图2-1）。西河坝、小渡船、老机场外、北门外、桔园等河滩上虽然有云锦石的踪迹，但花纹层中的花纹多已磨损，在较宽平的河漫滩上的砂砾石层中并未发现原状云锦石埋藏层。主要是地处市区或距市区近，采石挖砂和城市建设等人为因素早已破坏了埋藏层。根据地质、地形地貌、水文地质特征和实地调查结果判断，云锦石的分布范围在大龙潭至五峰山峡口之间清江河段比较平坦宽阔而又稳定的河漫滩中。

云锦石原本埋藏在厚达数米的砂砾层中，有的上部还有胶结的砾石层覆盖。河水从大龙潭峡

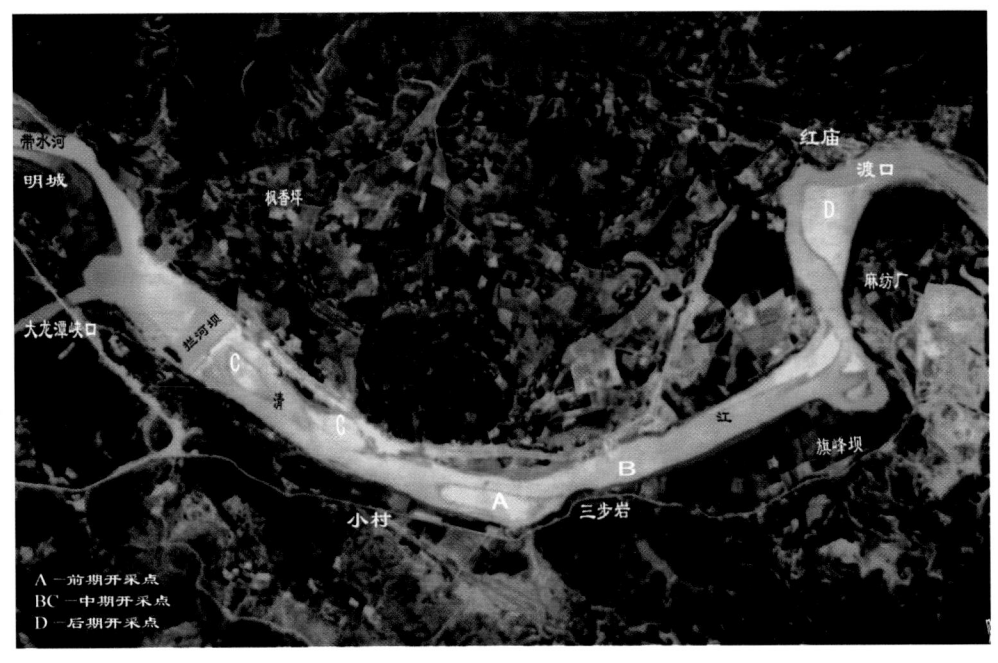

图2-1 云锦石分布图
（根据1979年7月航片制作）

口奔出后流速骤减,河床也相对稳定。在电站拦河坝建成以后,洪水改变了河水的流速和方向,原来的砂砾石层被冲刷搬运,云锦石露出地表后才被奇石爱好者们发现。

在保存完好的砂砾石层中,云锦石埋藏在地层剖面的中上部,常年地下水位线以下未见埋藏有云锦石。

分布区域内的大部分云锦石已被开采挖掘,仅剩下大龙潭拦河坝东上侧的小部分被水淹没的砂砾石层还未开采,其间可能蕴藏有云锦石。

根据红庙渡口至红江桥之间河段的地形和水文地质条件,部分河漫滩中可能还有埋藏的云锦石分布点,只是因上面的覆盖层较厚,有的又是农田,未曾深掘(图2-2)。

图2-2 可能埋藏云锦石的点位图
(根据1979年7月航片制作)

第三章　中国云锦石的形态结构、种类及物质组成

一、云锦石的形态结构

云锦石生成于河漫滩砂砾层的常年地下水位线以上剖面中。从砂砾层、泥砾层中刚挖出来的原生云锦石为黄色或淡黄色的卵砾石，与黄色或淡黄色粘土岩形成的卵砾石相似，表面有较多的铁锰胶膜和结核等附着物。这就是原生云锦石的外观形态。

云锦石不仅具有丰富多彩的形态，而且具有十分特殊的结构。将原始形态的云锦石锯开，截面可看到黄色粘土层内为一层灰白色的粘土层，灰白色粘土中有硬质花纹。花纹较少者，花纹间充满灰白色粘土，形成灰白色粘土包裹着的花纹层；花纹密集连生者，则为一完整的花纹层，灰白色粘土充满花纹与黄色粘土层间。花纹层以内为黑褐色或褐灰色、紫灰色的石心，石心与花纹层之间还有一层浅褐色或灰褐色过渡层。采挖出来的云锦石，用硬刷刷去外面的粘土层，露出奇妙的花纹，才成为观赏的云锦石。

从砂砾层中刚挖出来的淡黄色粘土岩状的卵砾石是云锦石的原生形态（图3-1）。我们一般所说的云锦石的形态结构是指刷去黄色粘土状外层残留物，显露出花纹以后所展现出来的整体形态与构造形式，即观赏云锦石的形态与构造形式。

因此，从云锦石的形态结构特征可以分为三个基本层次。

（1）浅黄色外粘土层（强氧化层）。为卵砾石外层强烈溶蚀、氧化后的残留物层。

（2）花纹层（次生氧化层）。由次生花纹与残留物灰白色粘土组成。是云锦石最主要的观赏层次。全包型的云锦石是由灰白色粘土与花纹内、外相间组成，半包型则由灰白色粘土与花纹相间组成。

（3）石心（原生层）。石心为还未溶蚀氧化的原石，有的与花纹层间还有颜色稍浅的半溶蚀氧化的过渡层（图3-2）。

云锦石体量小的只有10cm左右，大的可达70cm。其大小和基本形状取决于原卵砾石的大小、形状和溶蚀、凝聚程度。基本形状有圆形、椭圆形、球状、长球状、柱状、片状等。刷去外部的粘土状残留物层以后，呈现出千奇百怪的形态和千变万化的花纹，个体间绝不雷同。就石体形态而言，有各种各样的具象石和图案

图3-1　刚从砂砾层中挖出的云锦石

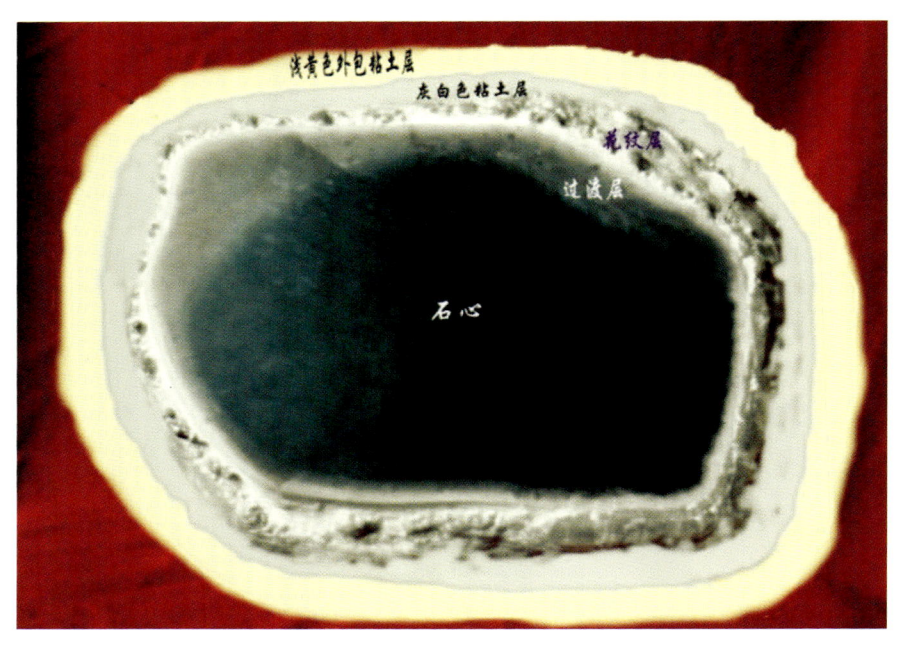

图3-2 云锦石截面图

石,酷似用雕塑艺术手法雕刻而成的石雕艺术品;就花纹形态而言,基本形态为云气纹、云水纹。纹形又千变万化,有的似云彩,有的似花朵,有的似行云,有的似流水,有的又似汹涌的波涛;就花纹的大小和宽窄而言,有大花纹和小花纹,又有粗花纹和细花纹;就花纹的空间排列而言,有密生并布满石面的全包型,又有散生或半散生的半包型,有单层分布的浮雕型,又有多层缠绕、花纹与花纹之间既留空又彼此相连接的透雕镂空型(图3-3至图3-12);就溶蚀、凝聚程度不同形成的云锦石而言,有薄薄的外粘土层,花纹层薄、花纹浅而细,石心厚实的云锦石;又有厚厚的外粘土层,大而厚的花纹层和小石心的云锦石;还有原石完全溶蚀,无石心,只有溶蚀残留物包裹着花片的云锦石(图3-9)。

二、云锦石的种类

清江云锦石是泥-粉晶灰岩、白云岩卵石经间歇性溶蚀、残留、凝聚、再结晶过程而形成的观赏石。其千奇百怪的形态和千变万化的花纹与卵石的大小、形态、化学成分和矿物组成、溶蚀程度等密切相关。

形成云锦石的卵石的化学成分与矿物组成上有差异,其溶蚀程度不一样,凝聚结晶物的化学成分和矿物组成或比例也有差异,可演变成不同颜色、硬度、形态和花纹的云锦石。

1. 根据云锦石天然花纹和奇特的形态特征,可划分为造型云锦石和图纹云锦石两大基本类型

在云锦石的鉴评标准中,我们将前者归入造型类云锦石,后者归入图纹类云锦石,而将介于二者之间、又具一定的观赏和收藏价值的云锦石归入其他类云锦石。造型云锦石中具象石的外型或似人物,或似动物,或似佛塔,或似楼台亭榭……似像非像间给人以无限的想象空间;图纹云锦石的浮雕图案纷繁多变,绮丽迷人,意境深远,韵味无穷。

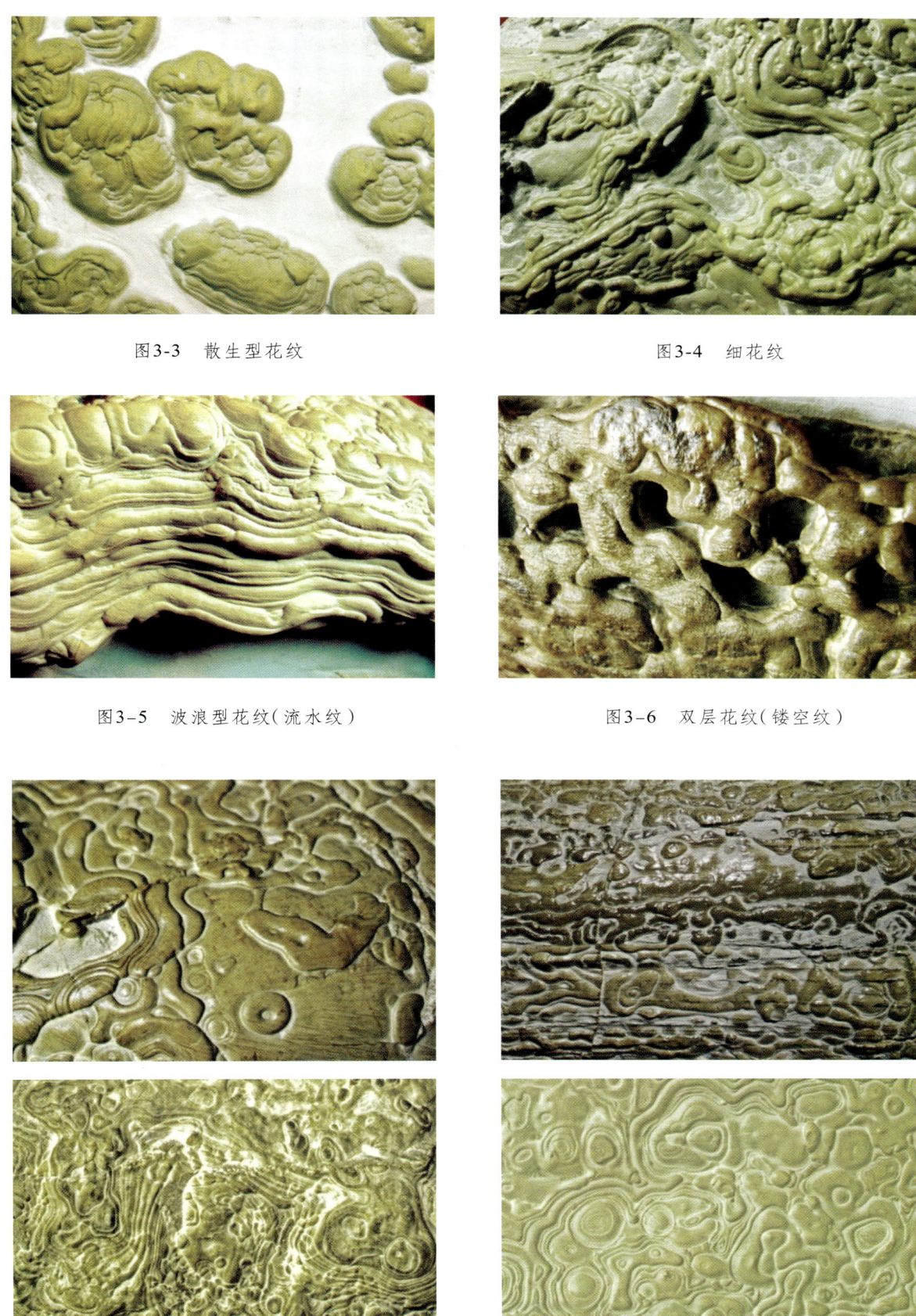

图3-3　散生型花纹

图3-4　细花纹

图3-5　波浪型花纹（流水纹）

图3-6　双层花纹（镂空纹）

图3-7　全包云锦石的浅细花纹

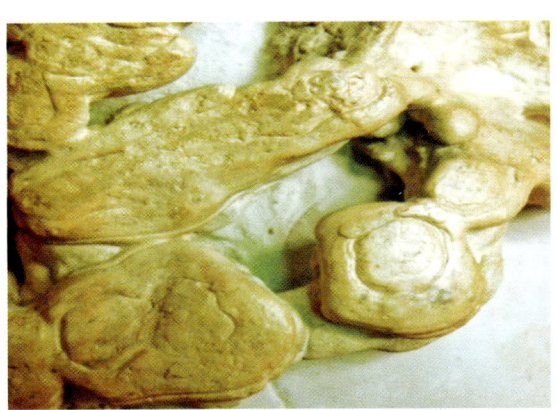 

图3-8　半包云锦石的大花纹

图3-9　石心全部溶蚀后的片状云锦石花纹（正、反面）

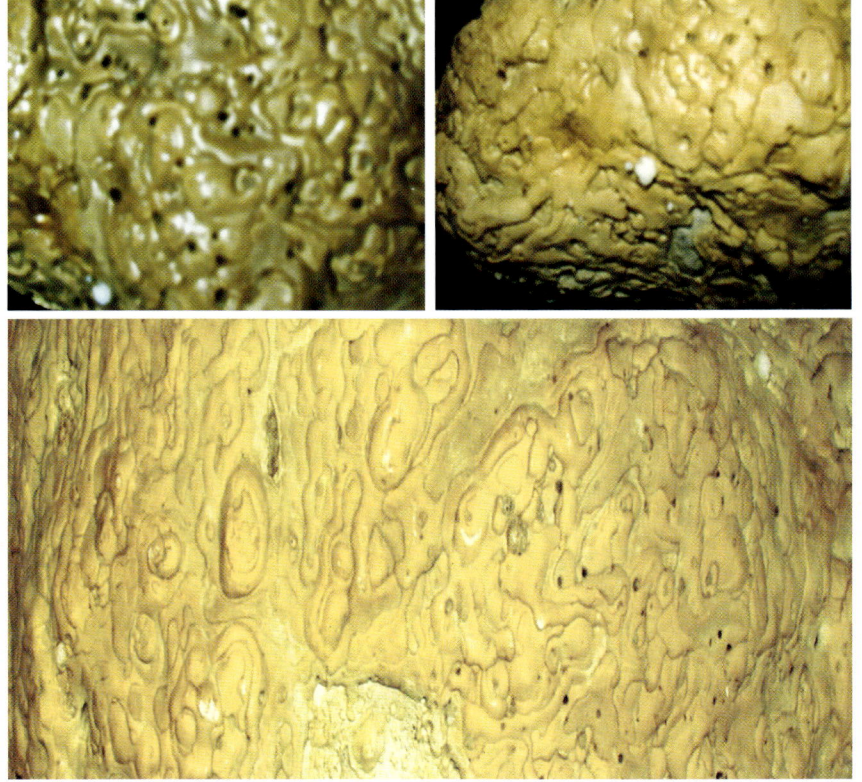

图3-10　云锦石花纹中的石英晶体、晶簇及其刷掉后留下的小洞

图3-11 云锦石花纹层断裂及花纹错位现象

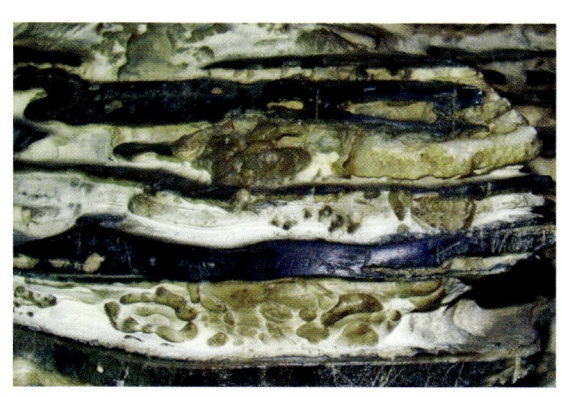

图3-12 卵砾石层间形成泥-粉晶灰岩与碳质灰岩互层的云锦石花纹

2. 根据花纹的颜色可划分为黄花云锦石、青花云锦石和杂色云锦石三大类

黄花云锦石花纹为黄色或淡黄色,大花型和造型云锦石居多。

青花云锦石花纹青灰色,以细花型、全包型、图案型、多层镂空型云锦石见长。

杂色类云锦石花纹因铁、锰及其他杂质含量不同而呈现不同的颜色。有黑色、古铜色、褐色、黄褐色、黄色花纹上覆盖褐色斑等。摩氏硬度3.0~5.5。由泥-粉晶灰岩与碳质页岩或其他种类页岩互层的卵石溶蚀后形成的云锦石,泥-粉晶灰岩层形成云锦石花纹,页岩层仍保留着页岩的特征,花纹层与页岩层相间,颜色反差大,也可归入杂色类云锦石。

所见云锦石以黄花云锦石和青花云锦石两大类为主,杂色类云锦石比较少,黑色花纹云锦石更少,其花纹硬度高,更显珍贵(见188页彩图"青云直上")。

3. 根据花纹的形态特征可分为全包浅浮雕型、半包深浮雕型和镂空型三大类

全包浅浮雕型云锦石的花纹层包裹整个石面,花纹一般浅而细密,以青花云锦石居多,黄花云锦石其次。

半包深浮雕型云锦石的花纹突出石面较高,近似深浮雕艺术品,以大花居多,大花上面又有疏密相间的小花纹。一般情况下,花纹未布满石面,与灰白色粘土层面疏密相间,错落有致,互相辉映。

镂空型云锦石的花纹与花纹既相连接,又未完全靠拢,掏去残留的灰白色粘土,酷似镂空雕艺术品。一类为细花纹缠绕，呈现双层空洞，见于中型青花云锦石；一类为单层花纹与石心间部分镂空，多见于溶蚀程度高的黄花云锦石。

4. 根据花纹的大小可分为大花型云锦石和细花型云锦石两大类

大花型云锦石多见于黄花云锦石，大青花型云锦石多为溶蚀程度较高的青花云锦石，且比较少见。细花型云锦石多见于青花云锦石，但细纹黄花型云锦石也不少。

5. 根据卵石溶蚀和溶蚀物凝聚、结晶的程度可分为浮雕型和镂空型两大类

溶蚀程度不同，凝聚、结晶的程度也不同，形成云锦石花纹的大小、深浅各异。但轻、中度溶蚀后形成的云锦石多呈浮雕型，而深度溶蚀和完全溶蚀后形成的云锦石仅保留少量石心或没有石心，多呈镂空型。深度溶蚀后形成的花纹层比较完整，掏尽粘土状残留物后，残存的少量石心与花纹层分离，且仍藏于其中，石心可以活动或拉伸（见228页彩图"金龟渡海"），但不能拿出花纹层，摇动时声响如乐，石友们称之为乐石或者响石；没有石心者，花纹比较完整的多呈现出全镂空型云锦石，花纹层不完整的则形成云锦石花片（图3-9），但这种情况并不多见。

此外，尚有特殊类型的云锦石。即形成云锦石的卵砾石为泥-粉晶灰岩与其他类型的页岩互层的卵砾石，层间较厚者，在泥-粉晶灰岩层形成花纹，而页岩层没有花纹，仍呈页岩的原貌（图3-12）。层间很薄，而且与泥质页岩互层者，则形成花纹与页岩岩层走向一致的细长条纹云锦石。

更为奇妙的是，云锦石的图案花纹美不仅局限于云锦石的花纹上，而且有的还会有颗粒状石英晶体凝聚在花纹间，对于云锦石的花纹层又起到了锦上添花的装饰美化效果。

三、云锦石的物质组成

为了弄清云锦石的物质组成及结构构造特征，我们将云锦石三个主要结构层分别取样，送中国科学院地质与地球物理研究所实验室进行了矿物组成和化学成分分析（外层A只做了化学成分分析）。

样本编号：A 为黄色外粘土层。

B_1 为黄花云锦石花纹层。

B_2 为青花云锦石花纹层。

C_1 为黄花云锦石的石心。

C_2 为青花云锦石的石心。

用X射线荧光光谱仪（标准曲线法）分析测定出样本的主量元素含量；用电感耦合等离子体质谱仪（标准曲线法）测定非主量元素含量。

（一）黄色外粘土层的矿物组成和化学成分

外部黄色粘土层的主要化学成分为SiO_2，含量达48.70%。其次为CaO，含量20.60%。MgO和Al_2O_3分别为3.89%和3.75%。$Fe_2O_3$1.57%，K_2O1.64%，Na_2O0.11%，烧失量19.14%。主要矿物成分为石英（玉髓）及方解石。其次为高岭石、蒙脱石、水云母及铁铝氧化物为主的粘土矿物。粘土中的游离氧化铁遭受水化，主要以针铁矿、褐铁矿和多水氧化铁的形态存在而呈黄色。包裹花纹的灰白色粘土的主要成分是高岭土。

（二）黄花云锦石花纹及石心的矿物组成与化学成分

1. 花纹

经中科院地质与地球物理研究所实验室薄片鉴定，黄花云锦石花纹为含硅质的泥晶灰岩或含硅质的白云岩。

（1）矿物成分与构造

1）方解石或白云石含量95%，晶粒小于0.005mm（泥晶级），它形粒状，在岩石中呈均匀分布，紧密镶嵌接触。

2）石英含量5%，呈单晶状或聚晶状散布于泥晶方解石基底之中，单晶大小0.02～0.08mm，形态为它形粒状，晶体边界凹凸不平，其可能为成岩过程中灰岩的部分硅化物。

均匀块状成岩构造。定名为含石英的泥晶灰岩。扫描电镜照片如图3-13至图3-18所示。

（2）化学组成成分

黄花云锦石花纹的主要化学成分是CaO，含量49.74%，其次是SiO_2，含量7.80%。MgO1.14%，$Al_2O_3$0.84%，$Fe_2O_3$0.42%，K_2O0.61%，Na_2O0.02%，$P_2O_5$0.03%，烧失量达39.41%。

2. 石心

（1）黄花云锦石石心的矿物组成

黄花云锦石石心由泥-粉晶级方解石或白云石组成，其中30%为泥晶级（晶粒小于0.005mm），70%为粉晶级（晶粒0.005～0.05mm）。两种粒级的白云石或方解石呈随机状分布，二者之间界限模糊。均匀块状构造，定名为泥-粉晶灰岩。图3-19至图3-23为黄花云锦石石心不同放大倍数的扫描电镜照片。

（2）黄花云锦石石心的化学成分

黄花云锦石的化学成分主要是CaO和MgO，含量分别为26.30%和18.13%。其次是SiO_2，含量达13.95%，比青花云锦石石心高11.14%。Fe_2O_3和Al_2O_3含量分别为0.73%和0.71%，比青花云锦石高出一倍。Na_2O和K_2O分别为0.06%和0.16%，P_2O_5为0.01%。

（三）青花云锦石花纹及石心的矿物组成与化学成分

青花云锦石石心和花纹的矿物组成及化学成分与黄花云锦石有一定的差别。石心的方解石含量比黄花云锦石高，铁、铝氧化物含量较低，石英则低很多。花纹的方解石含量比黄花云锦石低，白云石含量增加，石英却相差不大。

1. 花纹

（1）青花云锦石花纹的矿物组成

青花云锦石花纹由泥-粉晶级方解石或白云石组成，其中80%为泥晶级（晶粒小于0.005mm），20%为粉晶级（晶粒0.005～0.05mm）。两种粒级的方解石，一般由泥晶方解石构成"基底"，而粉晶方解石呈散点状分布于"基底"之中，二者之间界限模糊，这说明后者可能是前者部分重结晶的结果。其粉晶级方解石比黄花纹含量高得多，也很可能是其硬度比黄花云锦石高的原因之一。

均匀块状结构,定名为泥-粉晶灰岩。扫描电镜照片如图3-24至图3-28所示。

（2）青花云锦石花纹的化学成分

青花云锦石花纹的化学成分和黄花纹一样,以钙为主,CaO含量为43.38%,SiO_2含量为8.68%,MgO为6.10%,Fe_2O_3和Al_2O_3含量分别为0.47%和0.56%,K_2O和Na_2O分别为0.12%和0.04%。MgO含量比黄花纹的1.14%高出4.96%,是黄花纹的5.35倍,也可能是青花纹硬度比黄花纹硬度高的另一因素。

2. 石心

（1）青花云锦石石心的矿物组成

岩石主体由随机分布的泥-粉晶级方解石或白云石组成,含少量(不大于1%)的泥质。图3-29至图3-33为青花云锦石石心不同放大倍数的扫描电镜照片。

（2）青花云锦石石心的化学成分

青花云锦石石心的主要化学成分是钙和镁。CaO含量为36.97%,比黄花云锦石高。MgO为14.63%,比黄花云锦石低。SiO_2含量为2.81%,比黄花云锦石要低很多。Fe_2O_3含量为0.37%,Al_2O_3含量为0.36%,Na_2O含量为0.03%,K_2O含量为0.06%,都比黄花云锦石要低一半以上。

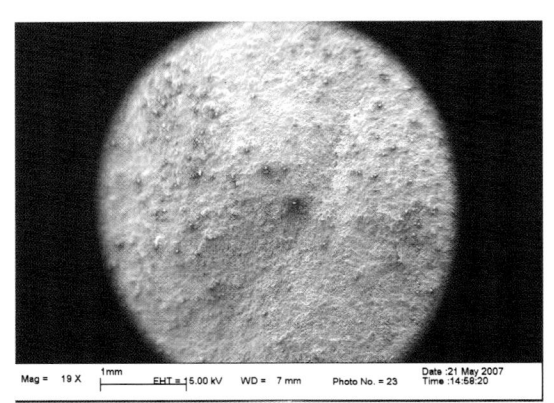

图3-13 B_1-1全貌

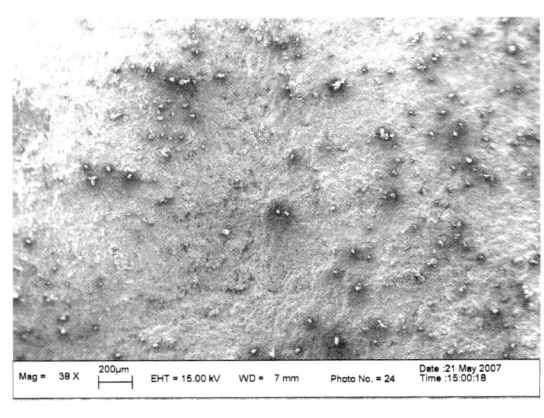

图3-14 B_1-2放大的全貌

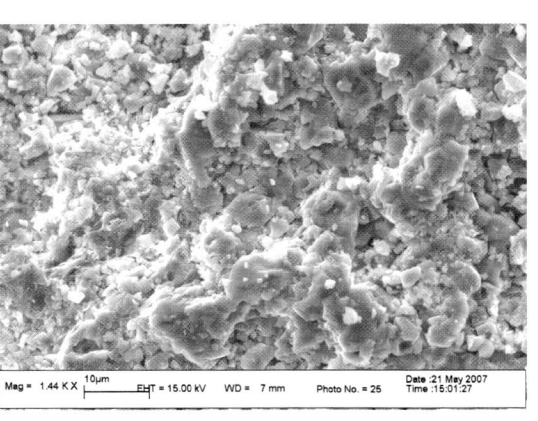

图3-15 B_1-3花纹一侧

图3-16 B_1-4花纹另一侧

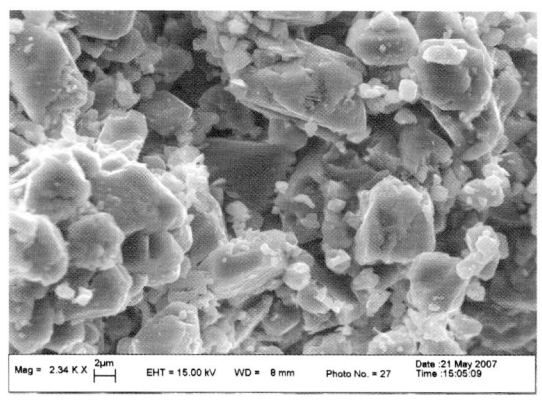

图3-17 B_1-5交界处

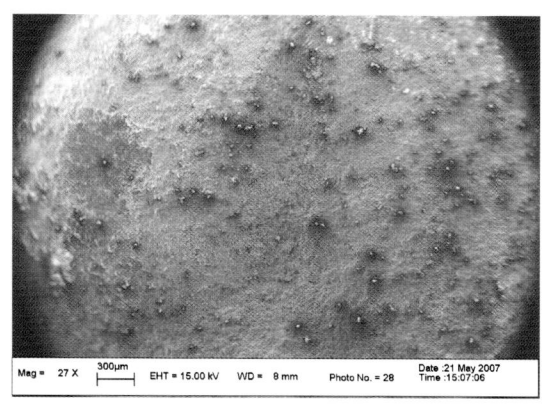

图3-18 B_1-6放大的全貌

图3-19 C_1-1

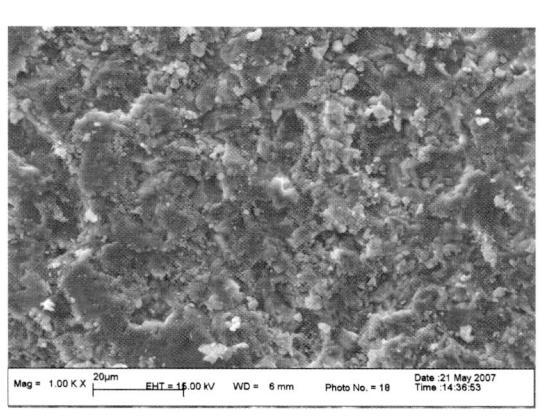

图3-20 C_1-2

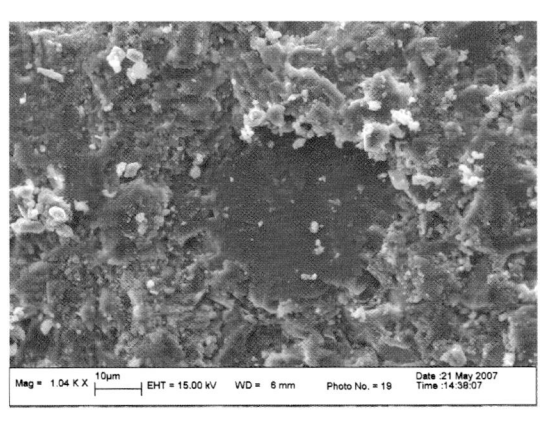

图3-21 C_1-3

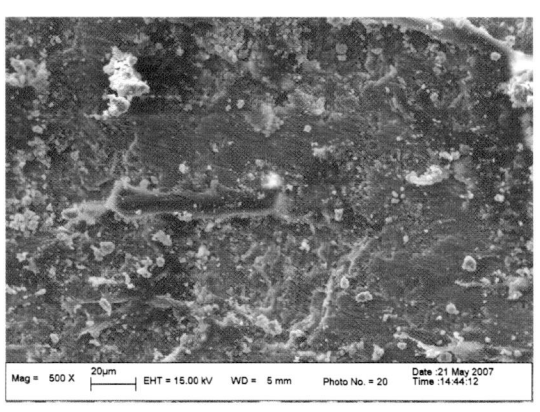

图3-22 C_1-4

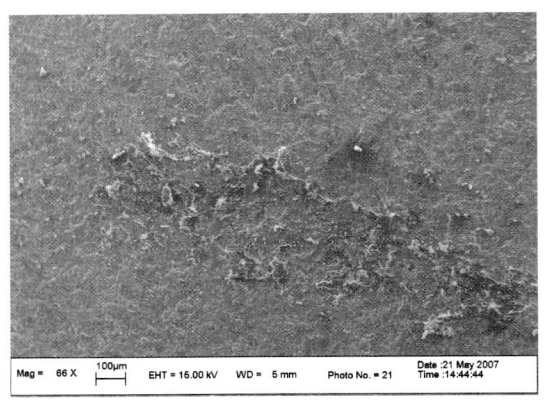

图3-23 C_1-5

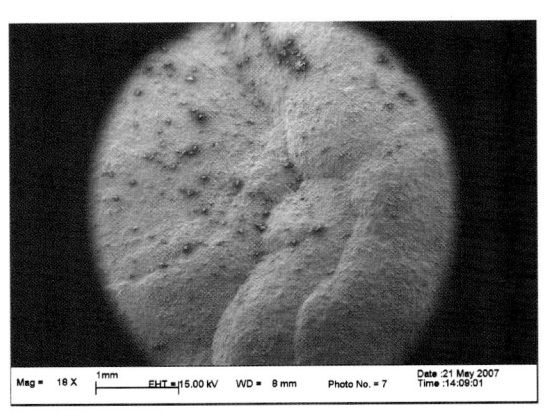

图3-24 B_2-1全貌

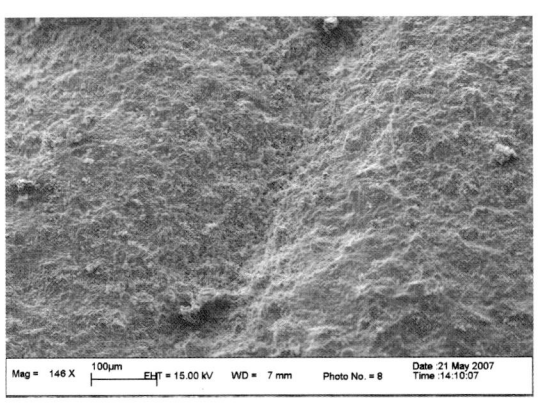

图3-25 B_2-2花纹交界处

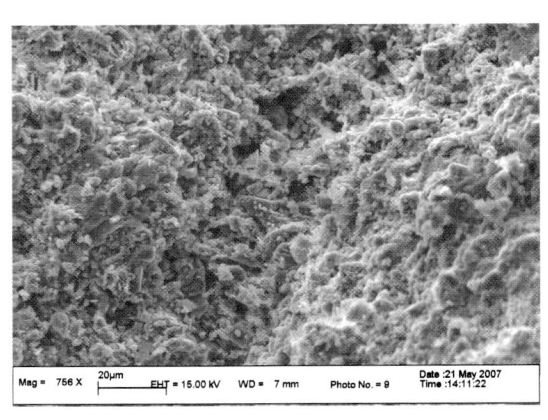

图3-26 B_2-3再放大的交界处

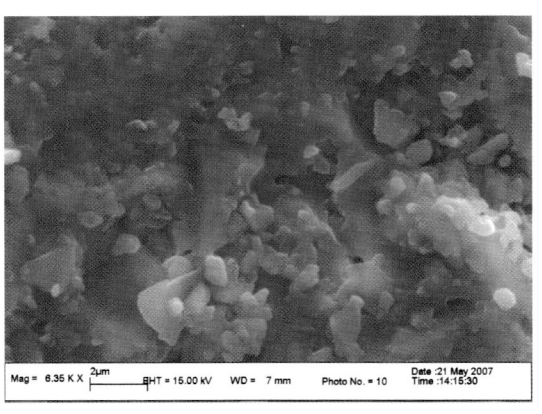

图3-27 B_2-4花纹一侧

图3-28 B_2-5花纹另一侧

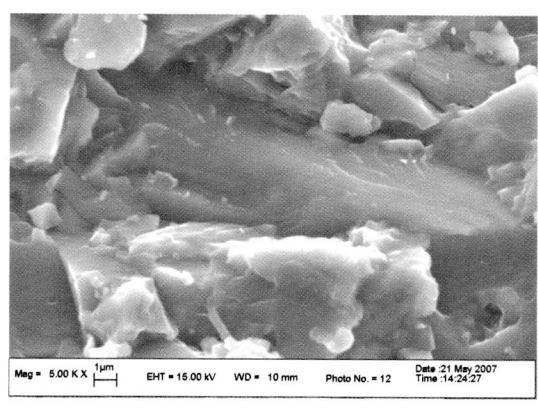

图 3-29　C_2-1

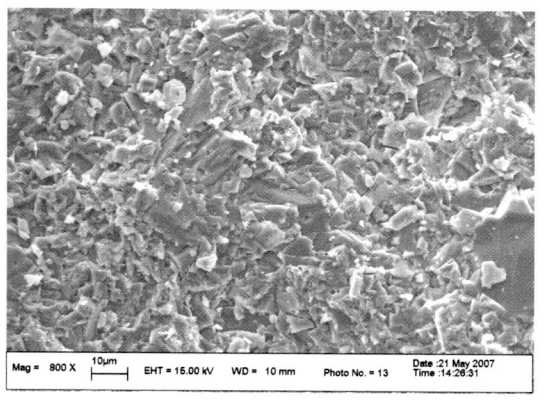

图 3-30　C_2-2

图 3-31　C_2-3

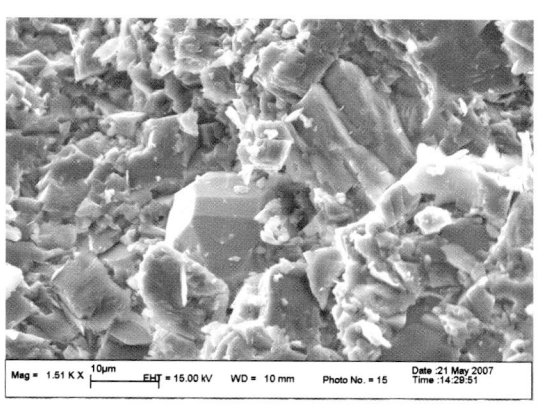

图 3-32　C_2-4

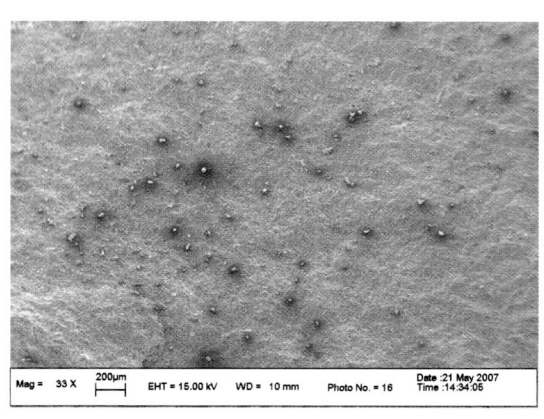

（薄片鉴定：朱井泉）

图 3-33　C_2-5

第四章 中国云锦石的成因试析

一、云锦石形成的环境条件

清江穿过延绵108km的恩施大峡谷东段,从大龙潭峡口进入恩施盆地,在五峰山脚又进入峡谷。盆地河段长约14.5km,入口处海拔419m,出口处海拔398m,河床坡降1.45m/km。由于河水流速骤减,山洪暴发时从上游冲刷搬运而来的大小砾石和大量泥砂沉积在河床两边,在凸岸形成较稳定的泥砾层或砂砾石层,有的地段还形成由富含二氧化碳和碳酸盐的河水胶结而成的砂砾石胶结层(当地俗称癞疤石)。

恩施盆地为一断陷盆地。出露岩层为白垩系红色砂砾岩-第四系亚砂土、亚粘土等松散沉积物。

清江上游河段流经寒武系、奥陶系、志留系、泥盆系、石炭系、二叠系、三叠系等不同地层。河漫滩上的砾石种类繁多,类型与上游沿线地层的岩石类型相吻合。常见的砾石有各种石灰岩、白云岩、砂质页岩、泥质页岩、石英砂岩等。形成云锦石的砾石为含硅质的泥-粉晶灰岩或含硅质泥-粉晶白云岩类卵砾石。

由于地势相对低平,清江的下切侵蚀与峡谷河段相比较要相对微弱,河床也相对较稳定,沉积在凸岸的泥砂、砾石层也相对稳定。

恩施盆地以上的清江流域,年平均降水量在1 400～2 000mm。4～10月的平均月降水量在100mm以上,占全年降水量的84.2%。又以5～7月最多,约占全年总降水量的42%,月平均降水量在200mm左右。其间多暴雨,24h内一次降雨量可达200mm以上,且多伏旱。暴雨期间,山洪暴发,河水上涨,河漫滩淹没;干旱和少雨季节,河水下落,河漫滩露出水面,有频繁的季节性干湿交替过程。这是云锦石形成的重要条件。

二、云锦石的形成过程

从云锦石的矿物组成、化学成分和特殊的形态与层次结构类型可以看出,由含硅质的泥-粉晶灰岩或含硅质的粉晶白云岩类卵砾石演变成具有观赏性很强的云锦石,经历了漫长而又极其复杂的演变过程。而卵石由表及里的溶蚀和部分溶蚀物的凝聚、再结晶过程则贯穿于整个演变过程中。

(一)溶蚀过程

从云锦石截面可以看到,外层为比较松软的淡黄色粘土,淡黄色粘土内为灰白色粘土包裹的硬质花纹，中间为坚硬的石心，石心外缘颜色渐淡（也可视为正在溶蚀的过渡层）。将石心与石心外的相关层次相比较，硬度、紧实度等物理特性都有显著的差别，说明石心外的相关层次（花纹除外）是母体溶蚀后的残留物，石心是未溶蚀完的母体。

将云锦石外面的粘土和花纹去掉，石心外面可见到大小不等、凹凸不平的溶蚀坑。

将石心与黄色外粘土层的化学成分相比较，石心中的钙、镁含量都很高，而外粘土层中却低很多，尤其是镁含量更低，说明已大量溶蚀。

青花云锦石石心薄片在电子显微镜下可见到泥-粉晶白云石或方解石之上出现多条溶蚀纹，几条颜色较深的细纹将白云石或方解石基底切断、分割；这些细纹宽0.1～0.3mm，长数微米至数厘米，细纹比基底色暗，泥质含量高，有些部位有亮晶方解石充填。证明发生过多次间歇性的淡水溶蚀作用，将可溶性的白云石或方解石溶蚀掉，而将不溶性的泥质残留下来。

（二）凝聚、再结晶过程

将花纹的矿物组成和化学成分与石心相比较，无论是黄花或青花云锦石，花纹的矿物组成和化学成分与石心都有比较大的区别。花纹以方解石为主，主要成分是氧化钙，白云石很少，氧化镁含量低。石心则由方解石和白云石共同组成岩石主体，氧化钙与氧化镁含量大约为1.5%～2.3%∶1。石心中硅含量差别较大，黄花云锦石SiO_2含量高达13.95%，青花云锦石SiO_2含量为2.81%，而花纹中SiO_2含量则趋于平衡，分别为7.80%和8.68%。显然，云锦石的花纹与石心物质组分含量变化较大的原因，是岩石在被搬运的过程中相互摩擦，并在水溶液中长期溶滤，受到水中各种物质的作用，物质重新分配，其相似分子间的相互引力，在合适的条件下重新沉淀，而有的则随溶液带走并寻找有利的沉积环境。

从淡黄色外粘土层的化学成分分析，SiO_2含量高达48.70%，铁、铝、钙、镁、钾、钠氧化物及非主量元素含量都高，除CaO、MgO外，绝大多数元素含量都显著高于石心中的含量。说明溶蚀物质很可能以硅酸盐形态在溶液中大量聚集，具备凝聚、再结晶，逐步形成花纹的物质基础。在淹水状态下，河漫滩中各种可溶性砂砾慢慢溶蚀，溶蚀物都聚集在溶液中。所以，凝聚、再结晶，逐步形成云锦石花纹的物质也不仅仅是石心的溶蚀物，还应当包含其他溶蚀物。

黄花云锦石花纹薄片扫描电镜下可见呈单晶或聚晶状石英晶体散布于泥晶方解石基底之中，有的云锦石花纹层表面也可直接见到数毫米大小的乳白色石英晶体（图3-10），很多云锦石花纹出现整齐的断面（胶体凝聚收缩过程中的断裂面，石友称之为刀疤）和花纹明显错位现象（图3-11），都可以证明花纹是溶液中各种溶蚀物质凝聚、再结晶的产物。

（三）形成过程

云锦石的形成过程，实际上就是云锦石母体（含硅的泥-粉晶灰岩或含硅质白云岩类卵砾石）的演变过程。

在相对稳定的河漫滩中，多雨季节，河水上涨，被淹没的母体被溶蚀，溶蚀物进入溶液，不溶物残留在母体上。由于砂砾层内的溶液不易流动，各种溶蚀物在溶液中大量聚集。少雨季节，河水水位下降，砂砾层露出水面，渗留在残留物层中的胶体溶液干涸、凝聚、再结晶。反反复复，年复一年,周而复始。经过漫长的岁月,母体外面不断地溶蚀、残留,逐步形成残留物层且不断地扩大,还未溶蚀的部分母体成为了石心;同时,残留物层中的凝聚、再结晶物质逐步长大形成花纹或花纹层。

在漫长的岁月中,一方完整奇妙的天造云锦石就此形成。

三、云锦石的成因试析

含二氧化碳的地下水及地表水的水蚀作用,及地表由植物所产生的有机酸和其他矿物所衍生出来的无机酸,共同在富含碳酸盐的岩石上进行腐蚀性化学作用,把岩石冲刷和腐蚀成千奇百怪的形态及各种各样的空洞或披麻状的沟纹;或因水蚀作用将矿物质溶解在水中后又沿岩石裂隙或表面在合适的条件下重新沉积、结晶,形成新的岩石形态。

云锦石母体的水蚀作用是淹水状态下以富含二氧化碳的河水及其中的衍生无机酸把母岩溶蚀,而不溶物质残留在母体的外层;又因特殊的地形、水文地质条件重新沉积、结晶,形成新的岩石形态。

归纳上述云锦石的化学成分、矿物组成及其形成的环境条件和形成过程,我们认为:云锦石母体是河流从上游冲刷搬运而来的泥-粉晶灰岩、白云岩类卵砾石。在河床相对稳定的河漫滩中,淹水期间,母体被富含二氧化碳和碳酸盐的水溶蚀,可溶物进入溶液,不溶物残留;水位下降时,溶蚀停止,滞留在残留物内的钙、镁、硅等凝聚,以方解石、白云石和石英晶体析出,以方解石结晶析出为主。经过反反复复的间歇性溶蚀-残留-凝聚-再结晶,泥-粉晶灰岩类卵砾石逐步被溶蚀,残留物形成粘土层,凝聚结晶物在粘土中形成花纹层,未溶蚀完的部分成为石心。如果全部溶蚀,则只剩下残留物粘土层和花纹层。在漫长的岁月中,母体逐步演变成云锦石。当然,这一过程实际上是一系列十分复杂而又十分漫长的物理化学演变过程。

由云锦石母体演变成观赏的云锦石,必须同时具备以下三个条件:

(1)有可被淡水溶蚀的母体,即有含硅质泥-粉晶灰岩或白云岩类砾石。它是形成云锦石的物质基础。

(2)有反反复复的淹水—落干的干湿交替过程,即具备间歇性溶蚀、残留、凝聚、再结晶的水文地质条件。

(3)有相对稳定的河床。

没有含硅质泥-粉晶灰岩或白云岩类砾石(形成云锦石的母体),就没有形成云锦石的物质基础;没有河漫滩中季节性淹水、落干的水文地质条件,就没有间歇性的溶蚀—凝聚条件;河床不稳定,溶蚀—凝聚过程就不可能持续。前者是基础,后者是特定的环境条件,缺一不可。

在实地调查中:①未发现河漫滩上的粘土岩、石英砂岩、白云岩、石灰岩及其他岩石类卵砾石形成云锦石;②大龙潭以上和五峰山以下峡谷的清江河漫滩中未见到原生云锦石产点;③盆地中各级阶地上洪积、冰碛泥砾层中相同的硅质灰岩砾石也未发现云锦石。由此可见,前述三个条件必须同时具备。

湖北省第二地质大队王洪发高工从地质年代演变脉络和区域地质发展史的角度,对云锦石的成因与形成条件作了较全面、深入的分析：根据对云锦石产出分布的地质条件以及云锦石的结构和物质组成的初步分析，目前野外勘察所发现的原生云锦石都无例外地产于第四纪全新世砂砾层中，沿清江河床分布，并严格地受曲流河边滩微地貌的控制。含云锦石的砂砾层的成分主要为硅酸盐岩、碳酸盐岩及碎屑岩类。平面上的砂砾体呈宽窄不同的条带状，剖面上砂砾体呈透镜状产出，厚 0～4m。沉积剖面具有二元结构，下部为砾砂沉积，上部为粉砂、泥屑沉积。剖面上呈不完整的半韵律旋回结构。云锦石是由含硅质泥晶-粉晶灰岩、白云石的卵石、砾石，在特定的地质构造、地形、气候、岩石、埋藏深度及水文地质条件下，经过地壳长期的间歇、差异性升降，造成清江河流在垂直方向上下蚀，使河床加深；在水平方向上侧蚀，使河床加宽。当地壳上升或侵蚀基准面下降时，河流侵蚀作用突然加强，促使多级阶地形成。河水及其携带的泥砂、砾石对河床进行磨擦破坏。同时，砂、砾本身也渐趋圆化。当河水由大峡谷进入恩施盆地的大龙潭一带，由于河道由窄变宽、流速减小、河曲发育等因素，搬运能力不足以克服被搬运物的重力和摩擦力时，便在曲流河边滩的一、二级阶地上堆积，属再沉积产物。此处亦为当地的最低侵蚀面之上的渗流带，风化作用较活泼，气候属潮湿的亚热带地区。地表水、地下水补给较为充分，为云锦石的形成孕育了良好的空间。在自然界的营力作用下，其中的碳酸岩的砾石、卵石，通过水解溶蚀—凝聚—再结晶的过程而形成云锦石。

云锦石的原岩（母岩）来自清江上游，它可能形成于距今约 5.0～2.27 亿年的古生代寒武纪至中生代三叠纪中世沉积的海相碳酸盐岩建造地层。岩石的主要矿物成分为方解石、白云石，次有粘土矿物及陆源碎屑（如石英、长石、云母、黄铁矿等）；岩石化学成分主要是 CaO、MgO 及 CO_2，常见的杂质有 SiO_2、Al_2O_3、Fe_2O_3 等。岩石具微晶-泥晶级结构；岩石具均匀层状、块状构造。此类岩石在清江上游分布最广泛，且易溶蚀。

云锦石的母岩从古生代至中生代，经历了加里东、华里西两个造陆构造演化旋回，地壳表现形成都是徐缓地垂直升降，升时暴露出海面成陆，遭受不同程度的风化剥蚀；降时发生海侵接受沉积，日积月累，交替发展和变化着。它主要造成地壳大规模的隆起和坳陷，引起地势高低变化及海陆变迁等。然而影响最深、变化最大的是中生代的末期，云锦石的母岩又遭受印支、燕山、喜马拉雅三个水平构造运动的强烈改造，它使沉积的海相地层（母岩）受到挤压、拉伸或平移，甚至旋转扭动，产生褶皱或断裂，在地表形成山脉或盆地。

新生代第四纪更新世距今约 300～1.15 万年，地球上发生了一次规模巨大的冰川事件。整个鄂西山区被山原冰盖和山谷冰川所覆盖，其中齐岳山山原的冰盖沿山原边缘山谷往下运移，形成清江冰川。清江冰川遗迹除冰蚀地貌外，尚留有大量冰碛物及冰碛地貌。第四纪全新世冰后期距今约数千至 1 万年的新构造运动，才是云锦石从母岩演变为具有观赏、收藏和科研价值的云锦石。

云锦石形态结构特征图表明，原生云锦石的外貌形似一个完整不规则的椭球体（卵石或砾石），解剖后它的截面具有同心三层结构的特点。由表及里：外层（A）为粘土层，松软，但其成分确为钙质硅酸盐岩类；中间过渡层（B）为图纹层（花纹），成分为含硅质碳酸盐岩类，具粉晶结构，岩石较坚硬；核心层（C）为石心，成分为含硅质白云质碳酸盐岩，岩石具泥晶-粉晶结构，致密、细腻、坚硬。（A）、（B）、（C）三者的界限往往参差不齐，呈过渡关系，但是由于成分含量变化、结晶程度、硬度、花纹的差异，其界线仍十分清楚，这种奇特的结构和物质组成的变化，说明云锦石形成过程实质上就是云锦石母岩经极其复杂的地质作用的演变过程的结果。即母岩的物质组成、内部结构和表面形态不断地运动、变化和发展的过程。毫无疑问,碳酸盐岩的溶蚀与自然界地质作用的能量密切相关。

总之,云锦石的形成过程,实质上就是云锦石母岩被清江河水搬运到一个特定的地质构造背景环境下,又经过大气、水、风和生物的作用,在太阳辐射能、重力和日月引力的影响下,水化、水解、溶蚀母岩成分所产生的含矿水溶液经凝聚、再结晶而形成的。

以上是对云锦石产地的自然环境条件(地形、气候、地质、水文等)、云锦石的三层结构和五种类型主要层次的物理化学检测结果所进行综合分析研究后得出的初步结论。

第五章　中国云锦石自然美的表现形式（一）

一、披甲藏胎的结构美

（一）结构美是一种对立统一的美

世界上的一切事物皆存在结构。结构是指物质系统内各组成要素之间相互联系、相互作用的方式，是指事物所表现出来能够让人直观感受到的外在样式。结构也是指一定的理性框架、一个协调的组织系统、一种有序的状态。如计算机系统结构就是计算机的机器语言程序员或编译程序编写者所看到的外特性，即计算机的概念性结构和功能特性。

结构美是一种对立统一的美，审美价值特别取决于结构。世界是美的，因为世界是一个完美的物质结构，体现出和谐、简洁、统一的形态、秩序、节奏。它不停地运动、变化、发展，充满了丰富的、活跃的和生动的美。大到宏观宇宙亿万星体的各得其所，璇玑玉衡，天长地久；小到微观生物遗传分子螺旋的精巧玄妙，分裂自繁，代代相袭，都可体现其和谐有序的结构之美。正如杨振宁所说："自然界的现象的结构是非常之美、非常之妙，物理学这些年的研究使得我们对于这个美有了一个认识。"英国物理学家霍金认为：宇宙的量子态是处于一个基态，宇宙中的所有结构都起源于量子力学的不确定性原理允许的最小起伏。霍金的量子宇宙学是一个自足的理论，即在原则上，单凭科学定律我们便可以将宇宙中的一切都预言出来。

汉字的间架结构美是符合相对论和视觉美学原理的。汉字的间架结构美只有在字的比例适当、偏旁迎让、点画呼应、重心平稳等结体原理上，并在向背、疏密、大小、长短、高低、开合等结构变化中，才能得以完美体现。建筑的结构美无处不在。结构可以不需要建筑而存在，但没有任何建筑不存在结构；美学可以不需要建筑而存在，但没有任何建筑不存在美学。奥运主体场馆"鸟巢"、游泳馆"水立方"蕴含着神奇无比的结构美、科学美。鸟巢体育场馆有着91 000个座位，其外观犹如一个由枝条编织而成的鸟巢，而其内部每一个分开的空间都是一个自然空气可流通的独立单元；水立方复杂的工程系统和弯曲的钢结构与充气体系使得外部结构像一个泡沫，这种独特的结构设计使得"水立方"几乎经得起任何地震的袭击。

美学家[美]乔治·桑塔耶纳指出："是金字塔形式之功用——它只适宜于耸立——使得它成为建筑上的一个典型。埃及人不过重演一种自然作用……大自然把每个山岗建筑成金字塔的样子，绝不是因为她喜欢这样做，也不是因为金字塔无论如何是她的行为的目的，而是因为她没有力量能够轻而易举地撤去处于那个形状内的物质。"当然，金字塔属于极为稳定而宏美的典型几何结构之一。

云锦石之所以形成独特的蛋体层状包裹结构,并非上天或上帝为了标新立异或因喜好而为之,也不是因为云锦石是它的必然艺术创作对象,而是取决于云锦石原石自身的物质构成与物化特性等内在因素,取决于云锦石赋存的地形、地质、水文条件及自然界固有的水蚀风化规律;当然,还取决于具备有利于云锦石形成所必需的特定的时空环境以及偶尔邂逅的自然机遇。

(二)云锦石披甲藏胎的结构美

物质的一切性质和变化都和它的组成结构与物质构造有关。地质学上岩石的结构指组成岩石的矿物的结晶程度、晶料大小、晶料相对大小、晶体形状及矿物之间结合关系等所反映出来的岩石构成的特征;岩石的构造,是指组成岩石的矿物集合体的大小、形状、排列和空间分布等所反映出来的岩石构成的特征。

中国云锦石之所以被誉为"奇石中的奇石"、"清江魔石",其中一个最为关键的决定性因素,就是石体的组成结构、物质构造所构成的特征不同于其他类别的奇石。其原始形态初看与一枚普普通通的黄色粘土岩卵砾石无异,但刷去外部的黄色粘土状残留物层,里面的丰采尽现眼前。淡黄色、青灰色、黑褐色的石质花纹,或与灰白色粘土状残留物包裹着黑褐色石心;或形成紧密的花纹层,疏密相间地包裹着里面的石心;或在石质花纹层之内外又生花纹。

其他观赏石种的形成各有其规律与成因,如灵璧石是岩石风化、溶蚀后的形态;卵石是岩石风化、搬运、流水冲刷后的形态;钟乳石生成是由于富含碳酸氢钙的地下水沿岩石缝隙从洞顶滴下时,因压力降低,二氧化碳逸出,使碳酸钙得以沉淀。由于钟乳石生成于溶洞中,没有经历日晒和风化,所以形体能保持完整。而云锦石则是被流水侵蚀、冲刷、搬运后的硅质泥-粉晶灰岩或白云岩在特定的水文地质条件下溶蚀、凝聚、再结晶而形成的奇石。由于溶蚀程度的不同与凝聚结晶的差异,使形成的花纹和形态千差万别、千姿百态,既包含了"破旧",又包含了"立新"的风化变异过程,因而完全改变了卵砾石的原构造与形态,成全了云锦石从茧化蝶的蜕变和鲤跃龙门的华丽转身,也造就了云锦石不同于其它奇石的独特形态结构。正是这一生于石心外主要由两层不同物质组成的石壳套装,这种以石裹石的特殊构造,以及魔变仙刻般形成于云锦石表那五彩斑斓的花纹层,才合成了云锦石瑰姿神韵的天然雕塑美,充分展现了大自然神奇的创造伟力与非凡的妙思巧意。天恩所赐的云锦石花纹层等,集中了云锦石自然美和艺术性的精华,也是云锦石高标独立、丽胜群石的核心审美要素,我们将其形象地比作"甲",而称未被溶蚀完的原石心为"胎",并将这种不同于一般奇石的殊巧构造所产生的奇异美、和谐美与科学美,誉为"披甲藏胎的结构美"。

石友们在整饰云锦石时,特别注意适度保留灰白色残留物层,因为它在云锦石的结构组成和观赏要素中具有特别的审美价值。中国画讲究经营位置,总要在画面上留出或多或少的空白即纸的白地,不着一点笔墨颜色。"空白"的技法、理念在于以素白衬托、突出笔墨及颜色所构成的画面主体。"画中之白即画中之画"。空白,不仅仅是一个有用的空间,还是一个充满想象的、空灵的、意味深远的存在。老子说:"三十辐,共一毂,当其无,有车之用。埏埴以为器,当其无,有器之用。凿户牖以为室,当其无,有室之用。故有之以为利,无之以为用。"中国画的"空白"之用即源于"空无"的道家美学原理。云锦石的浮雕、镂雕三维花纹本具有令人瞩目的曲线美、色彩美、气韵流动之美,再加上乳白素雅的残留物层似无用之"空白"相映衬,于是,云锦石"披甲藏胎的结构美"就凸现出来,更加赏心悦目了。况且,空白本身就是云锦石图纹及石体不可或缺的结构组成部分。

王洪发高工根据矿物学的原理对于云锦石的结构特征作了进一步的类分:由于长期受地表水、地下水循环溶蚀、水解和氧化作用,将碳酸盐岩组成的鹅卵石或砾石原岩形成具有三层结构的云锦石,即由表及里为:外壳结构(A)、花纹(图纹)结构(B)、石心结构(C)。具体分述如下:

A.外壳结构(强氧化部分)。为卵石或砾石的外壳表层,由浅黄色含水硅酸盐岩(主)和碳酸盐岩(次)两部分组成的强烈溶蚀、氧化物的残留部分,岩石具有疏松的构造。

B.花纹(图案)结构(次生氧淋滤的作用化部分)。界于外壳与石心之间的过渡部分,主要由青色或黄色含硅质碳酸盐岩经溶蚀—凝聚—结晶形成的奇特造型和天然的纹理、脉络和色晕,是云锦石最主要的观赏部分。

C.石心结构(原生部分)。石心为未溶蚀氧化的原岩(母岩),主要由泥-粉晶含硅质灰岩和白云岩组成,石质细腻光滑润泽,具有美质石的特征。

二、鬼斧神工的天雕美

(一)奇石"天雕美"释义

什么是天雕美? 完整的说法应该是"天然雕塑美"。这是人们根据奇石完全由天造地设、自然形成的前提,比照"雕塑艺术美"而提出的一个对应的概念。雕塑是三维立体的造型艺术,它以能传达生命情态的大理石、石膏、青铜等材料来表现人的审美世界。一般说来,使用硬质材料直接加工的艺术形象谓之雕刻。雕是一个整体概念,具体工艺上,则浅线之雕谓之刻;刻之深而空谓之镂;用锥斧凿去多余质料谓之凿;玉石加工,以砂轮签子钻切谓之琢。

所谓天然雕塑,是泛指一切由自然伟力所造就的、具有类雕塑艺术形态特征的奇石,是一个笼统的、比喻性的概念。这类天然雕塑虽天生具备具象或抽象雕塑的轮廓与造型基础,但在很大程度上需要欣赏者通过审美注意、审美观照中的想象、联想所产生的意象,创造出类雕塑艺术形象。因此,天然雕塑美是指奇石具有的类雕塑的自然美和审美主体参与创造的意象美之融合。

我们知道,美学大师王朝闻在赏石美学研究中经常使用"天然雕塑"一语。王朝闻本是我国著名的雕塑家,早年以创作毛主席的浮雕头像、刘胡兰纪念雕像等作品及精深的东方美学学术成就而闻名于世。他在赏石活动中把某些山涧怪石以及自然景观如三峡神女峰、黄山"松鼠跳天都"山石等称为"天然雕塑"。

对于黄山"松鼠跳天都"石景,王朝闻认为,不论它是不是雕塑,它已经具备了雕塑艺术所要求的神形兼备、以形写神的特长。它不完全像一只松鼠不就是它的缺点,它那欲跳未跳的鲜明的动势,是这一天然的雕塑压倒一切的优点。既然它的优点对缺点居于压倒的优势,人们怎能对它求全责备? 顽石引起奇石之美感以至引起天然雕塑的美感,自然现象自身的特点对人们的感受作用不可否认,但人们对它的兴趣却因主体的兴趣或素养与人格起着主要作用。人们这种近似艺术创作的联想、想象和幻觉,既是人们欣赏自然美的原因,也是人们欣赏自然美的结果。

不过，天然雕塑与人为雕塑毕竟不同，故王朝闻指出："所谓天然雕塑，这个概念有模糊性和不确定性。带比喻性的这一用语，我杜撰它时是说，它接近人为的雕塑，没有因此混同了它与艺术——人的意识形态的本质。但它往往比人为的某些雕塑或艺术更具有审美价值，因为它拥有不是人为的艺术的优越性，即供有心人去发现美的内涵的丰富性。"

（二）云锦石鬼斧神工的天雕美

1. 自然造化，奇朴无巧

奇石之奇就在于它的奇特、奇异、奇妙之美，却不带任何人工雕琢的痕迹，仍保存着原始质朴形态。奇在自然，美在天成，也就是人们经常发出感叹的"鬼斧神工，自然造化"。我国古代奇石文化受儒、道、释三教思想影响深远，在很大程度上决定了奇石文化的美学色彩。儒家主张石以载道，道家主张以石悟道，释家主张以石参禅。

著名美学家刘纲纪教授指出：道家美学的根本思想是以"道"的"自然无为"为美，认为天地万物的变化既是无意识的，但又是完全合规律和合目的的，这就是天地万物的美之所在。《庄子》一书在歌颂"道"时，把"道"比作是一位伟大的艺术匠师，具有创造一切的本领与神通，他合规律而又合目的地雕出了天地万物，但一切都自然而然，恰到好处，没有什么地方是有意造作出来的。在《大宗师》中，庄子曰："夫道，有情有信，无为无形；可传而不可受，可得而不可见；自本自根，未有天地，自古以固存；神鬼神帝，生天生地；在太极之先而不为高，在六极之下而不为深，先天地生而不为久，长于上古而不为老。"于是，庄子认为，"道"这种纯乎自然，无为又无不为的品质，应是一切事物，也是人类之师："吾师乎！吾师乎！齑万物而不为义，泽及万世而不为仁，长于上古而不为老，覆载天地、刻雕众形而不为巧，此所游已。"

由于"道"产生万物，"刻雕众形"是无意识的，完全自然而然的，因此，庄子把"道"的这种功能称之为"造化"。从道家的老庄美学来看，可以说天地万物之美就是"道"的"造化"之产物，它不是人所创造的艺术作品，但又远远高于它；天地自然的"大美"无条件的高于一切人工制作的"众美"，它是绝对的美，且天地自然的"大美"是艺术创造的楷模与源泉。因此，庄子说"天地有大美而不言，四时有明法而不议，万物有成理而不说"。"朴素而天下莫能与之争美。"鉴于奇石也是道"刻雕众形而不为巧"的造化物之一，也许这就是中国人欣赏奇石之美，把它看作是"天然艺术品"的主要理论根据。

不过，中国云锦石不是那种被笼统地称为"天然雕塑"的一般观赏石种，也非赏石者因审美联想所产生的类似于雕塑的意象创造物，而是一个从物质形态上完全"天然雕塑化"与"天然艺术化"的特殊石种。正是从这种难以置信的、纯粹的天然雕塑形态中，人们惊异地发现，云锦石不仅几乎具备了雕塑艺术品的所有艺术表征，而且其丰富生动的造型和美妙神奇的纹刻图案是人工雕塑艺术品无法比拟、无法企及的。任何人一见云锦石，无不感到上天突降奇迹，惊异于大自然的神力竟然使得每一块云锦石一经现世，就呈现出光怪陆离、百媚千娇的形态，且没有一块石品所呈现的形象与内涵是重复的！

人为雕塑是一种二维或三维空间的造型艺术。罗丹说："什么是雕塑？那就是在石料上去掉那些多余的东西。"顾名思义，"雕"就是去除、削减和舍弃，即除去不必要的部分，使所雕的形体呈现为一种由外向内递减的一种方式,直到所雕形象离开粗糙的质料形状,呈现出艺术家所要求达到的完美形象为止;而"塑"则是添加、增益和充实,即用某种塑材,以筑构的方式,从原无一物中创造出形体来。"塑"是以在观念上无结构的材质架构形体的过程,是一种由内向外递增的方式概念,它们的主要目的就是将抽象造型或是写实造型予以美化并表现出来,达到艺术创造的目的。雕塑的实质就是对材料实施加减法的改造,创造出适宜于人,具备独特美感的过程。"雕塑"是这两种造型工艺过程的统称,雕、塑分别指的是两种截然不同的立体造型的方法,两者在不同的方向上共同构成雕塑作品的最终形态。

天然雕塑云锦石的"雕"是水将卵石中的可溶物溶蚀,从而改造、改变了云锦石的原始形体;而溶液中的部分物质又重新凝聚、结晶而生成新的石质,构成神奇的天雕花纹层,如同为云锦原石完成了一次脱胎换骨的美容手术,从而创造出一个个与粗犷的原石迥然不同的天然美雕,这就是云锦石的"塑"。花纹图案和形状形态是在溶蚀残留物层中神奇地"塑造"出来的。因此,我们可称云锦石为天然雕塑而成的类艺术品,是真正的天生丽质,妙造自然。

老子曰:"天下之至柔,驰骋天下之至坚,无有入无间。""天下柔弱,莫过于水,而攻坚强者,莫知能胜。其无以易之。弱之胜强,柔之胜刚,天下莫不知,莫能行。"老子借赞颂水的神奇伟力,意在说明柔弱胜刚强的自然哲理。正是大自然以貌似软弱而无坚不摧的"水刀"所完成的天然雕塑过程,才将本来粗砺丑陋的云锦原石造就成千奇百怪、玲珑剔透的形态,同时又在石体表层塑造出变幻莫测、异彩纷呈的浮雕图案花纹或人物景象。这一与人为雕塑过程巧合雷同的"工艺流程",足以说明称云锦石为"天然雕塑"可谓名至实归。云锦石之美,是刷去可刷除的粘土状残留物后所展现出来的原石形态美,那些奇巧万变的造型与精致瑰丽的花纹图案百分之百是天然生成,无一是人为意志及人工雕刻加工所致,属于云锦石原生态的自然美。

2. 品类俱全,洋洋大观

石雕,就是将美和记忆变成永恒。人们在石头的形状、质地、纹理、色彩中发现的不仅是具体的艺术形象,更是美的本身。艺术家用刀刻斧凿削去顽石那些多余的部分,使隐藏其中的优美形象裸露出来、显现出来。这就是石雕,这就是石雕的精神内涵之所在。中华石雕艺术品是优雅精湛和魅力永存的古代文物。据谢崇安先生介绍,按其造型风格与技法特征可分为浮雕、圆雕、透雕、线雕等形式。浮雕,是在平面上雕刻出凹凸起伏形象的一种雕塑,是一种介于圆雕和绘画之间的艺术表现形式。它的形式特征是凹凸对比的半立体式半平面形象,只有一个观赏面。浮雕的空间构造可以是三维的立体形态,也可以兼备某种平面形态;既可以依附于某种载体,又可相对独立地存在。浮雕按其空间层次有深、中、浅浮雕之别,如唐昭陵六骏、孔庙龙柱即属深浮雕,而洛阳龙门"帝后礼佛图"则为浅浮雕,汉画像石也多为浅浮雕或线刻。

圆雕是形象凌空和被表现对象相似的、占有空间的实体构成的雕塑个体或群体,它是在各个可视点都能感到其存在的可视实体,其形式特征表现为三维的以艺术为中心点的立体形象。那睿智深思的老君像、大慈大悲的千手观音、栩栩如生的卢沟桥石狮群阵等,都是中国石雕艺术宝库中千古不朽的圆雕杰作。透雕即去掉底板的浮雕,也称镂雕,是把浮雕的底板去掉,从而产生一种变化多端的负空间,并使负空间与正空间的轮廓线有一种相互转换的节奏,其魅力源自空与透的意味之中。透雕多用于宫殿庙宇、墓葬阴宅的装饰。线雕则是国画的白描技法在石雕艺术中的移植,即在石面上阴刻为图,它靠光影产生视觉审美效果。

令人不可思议的是,云锦石的风格与神韵竟然与中华石雕艺术精髓不谋而合、一脉相承,恰好可让我们借鉴雕塑的分类方法、雕塑语言、审美原则、评鉴标准等应用于云锦石的分类、赏析、评鉴实践之中。云锦石有一个洋洋大观的"天然石雕家族",所有个体石表都镌刻有线雕、浮雕纹饰,而根据各石品主要的雕塑艺术特征,同时又可分别归入圆雕、透雕、线雕、浮雕、内雕、响石雕、起地平雕等类别。可谓应有尽有,品类俱全。实际上,云锦石上这种同一石品具备各类雕塑形态特征的现象,在我国古代石雕艺术中早已存在。如安阳殷墟出土的石鸮,就是在圆雕造型中融入图案装饰的手法,它是商代雕塑区别于史前雕塑而形成独自风格的显著特点。在古代,鸮是人们喜爱和崇拜的神鸟。商人以鸟为图腾,所以雕刻神秘而威猛的石鸮,作为宫廷建筑和贵族阴宅的守护神。正巧有一方圆雕具象云锦石,其形态神韵与那件出土的殷墟石鸮颇为相似,不同之处在于云锦石鸮上布满天雕云纹图案,线条诡异繁缛,较之出土石鸮更为精美迷人,且有了跃跃欲飞之态。于是此石品便题名为"殷墟石鸮"。

中国古代雕塑这种圆雕、浮雕、线雕并施的技法,在汉唐陶俑、历代石兽以及佛教造像中均可见到。西汉的石刻艺术如陕西霍去病墓前的圆雕石马石牛等,也呈现出线性表现的重要特征。这批巨型的动物石雕,个个神态不同,作者选择具有基本具象形态的原始石料,运用"循石造型"的艺术手法,在同一作品上巧妙地将圆雕、浮雕、线刻等技法融汇在一起。刻画形象以恰到好处、足以表现客体特征为度,使石兽的造型显出空间的自由而不斤斤计较于形似,也不作自然主义的过多雕镂,从而加强了作品的整体力度。霍墓石刻不仅是楚汉浪漫主义的杰作,也是中国户外纪念碑式雕塑的代表。这类自然象形形态的雕塑艺术品采用的可以说是作者与自然"双向选择"的创作机制。自然物形启发人们从中获得象形之灵感,反过来创作者也须顺应物象本身的天然属性给予艺术加工。

云锦石中有一些大写意的具象云锦石,或似马似牛,或类人类仙,其造型特征、雕艺风格也与霍去病墓兽的"循石造型"手法如出一辙,即是让一方方原本粗犷的顽石经过千百万斯年的改造,神奇地蜕变为布满线雕、浅浮雕纹饰的天然圆雕云锦石。虽然这些具象云锦石的体量不足以与霍去病墓石兽群相匹敌,但其形态神韵与艺术表征却貌合神通,颇多相似类同之处。如"老子著经"、"五体投地"、"雍容大度"、"和平天使"、"久有凌云志"等藏品即属这类具象云锦石,只不过对其"循石造型"而雕塑成艺的并非汉代工匠的巧手,而是以柔克刚的清江之水与天地间各种自然力那神通广大、所向披靡的无形巨手。

汉画像石是两汉时期装饰于墓室、墓祠、墓阙、石棺、摩崖等建筑物上的装饰石刻壁画,其内容包括神话传说、典章制度、风土人情等。她的艺术风格粗犷豪放、浪漫洒脱,充分显示出一种震撼人心的力量和气势之美。汉画像石同商周的青铜器、南北朝的石窟艺术、唐诗、宋词一样,各领风骚数百年,成为我国雕塑艺术的瑰宝和文化遗产的杰出代表。汉画像石艺术最常用的手法和表现形式是"平面浅浮雕",又叫"起地平雕",其一般技法是在石面上起去画像的外缘,略为浮雕出形象,再阴刻出特有的细部。图纹云锦石中也常出现类似这样的品种,如藏品"琼楼玉宇",全石被蜡黄色的浮雕花纹如铜铸般的在石面上形成一座楼阁的轮廓剪影,剪影图上自由布满曲柔的阴刻线,自然地刻画出楼阁的形态质感;楼宇周围漂浮着的朵朵蜡黄色浮雕祥云,也被秀美的阴刻曲线所镌刻文饰,衬托着楼宇主体高耸入云的宏伟气势;在那些朵朵浮雕云纹之间,隐隐约约可见些许点状的花纹,或许可将其视为腾飞远去的鹤影。整个画面仿佛弥漫着缭缭仙风雾气,使人不禁联想到那矗立于"烟雨莽苍苍,龟蛇锁大江"的武汉名胜黄鹤楼。随之,也许还会情不自禁地吟起唐朝诗人崔颢那首令诗仙李白折服的七律《黄鹤楼》:

> 昔人已乘黄鹤去,此地空余黄鹤楼。
> 黄鹤一去不复返,白云千载空悠悠。
> 晴川历历汉阳树,芳草萋萋鹦鹉洲。
> 日暮乡关何处是?烟波江上使人愁。

在云锦石中,不但具备与各类雕品艺术特征类同的相应品种,而且其品种的多样性还超过了人为雕塑艺术。如有一些云锦石本为镂雕类石品,同一石品竟然也是形象生动、神韵丰富的具象石,即极为罕见的镂雕型圆雕具象石,如藏品"双姬献舞"、"难辨雌雄"、"犀牛雄风"、"称象之舟"等。还有云锦石的内雕石品也十分罕见,其特异之处在于石表图纹虽不甚多也不甚显,然而却腹中嵌空,内壁皆花,曲折幽丽,别有洞天。如藏品"敦煌"、"醉龟"。前者形似山崖峭壁,正面右侧有一正襟危坐的浅浮雕佛像及一些纹刻岩画背景,正中洞开如敦煌石窟之一窟,窟内深邃幽冥,雕纹繁华,遍布石壁;后者酷似一因狂饮无度而酩酊大醉斜卧的老龟,头尾四足俱全,睡眼朦胧,憨态可掬,龟腹、龟足间等阴面皆镌刻有天雕云纹。我国有在鼻烟壶内画画的传统绝技,但似不存在"内刻石雕"一说。云锦石这一反常规的天然内雕现象实在稀奇怪异,令人匪夷所思。

面对这些流光溢彩的天赐美雕,难怪凡初见云锦石者皆不相信为天然产物,反而疑为人工伪作,甚至曾被人误以为"走私文物"而遭到查获。由于人们对于云锦石真实性的强烈质疑,十多年来本地云锦石友不得不不厌其烦地对相疑者加以解释,但至今还是有很多人仍不予置信,或者持半信半疑的态度,总怀疑云锦石是纯粹的造假石,或是添加了人工雕艺的产物。州内曾有一老高工表示敢发誓打赌,一口咬定云锦石绝非天然生成,并主观臆断云锦石是利用电脑等高科技手段设计制作而成的人工石雕;国内一位著名赏石家在审查备选云锦石照片时,也囿于成见,便立刻武断地判定是造假石,说世上绝不可能有这样如人工雕塑艺术品般的奇石。令人遗憾又无可奈何的是,这种对于云锦石盲目的深度误解怀疑,竟然成为导致人们不敢或难以接纳云锦石的一种无形而不易化解的顽固障碍。《红楼梦》中有一幅意味深长的哲理诗式对联:"假作真时真亦假,无为有处有还无。"人们据此还演译出与其意相反联:"真作假时假亦真,有为无时无即有。"本来,世间万千纷扰之事多于真假有无之间界限模糊,纠缠不清,把许多人弄得晕头转向,自然不得不矫枉过正,遇事往往谨慎多疑,甚至怀疑一切,以避免上当受骗;鉴于云锦石形态结构过于诡异出格,天雕云纹绮丽非凡,难怪石界对于云锦怪石的"真假有无"要产生诸多质疑,予以严格审视,倍加防范。须知,就连产地的云锦石友们不但当初均不相信云锦石为天然生成,而且至今当面对一方方精美绝伦的云锦石时,也仍然常常产生莫名奇妙的惊异与困惑,甚至出现幻觉般的迷茫。不过,也许正是石界这种对于云锦石的"不识庐山真面目"现象,才避免了云锦石过早遭到杀鸡取卵的命运,才得以侥幸让极为有限的云锦石资源连续开采了十余年光景,至今还仍有产出。

目前国内赏石界虽未完全排除对于云锦石的疑惑态度,但面对这一奇石新星可睹可触的天雕艺术形态与震撼心灵的奇幻绝美,人们却不得不认可,不得不惊叹,不得不折服。荆州杜一之先生坦诚公正的实话实说令人钦佩,可一扫疑云,足以正视听:"恩施的云锦石,首次在上海亮相时,石界都不相信是真的。来层林先生亲自到实地考察,又撰文立说,这才被石界一致认可,并以不同凡响的姿态傲然石界。"江柳先生也说:"恩施的云锦石绝对称得上是天然雕塑艺术。""它形成浮雕或立雕的造型,简直令雕塑家惊奇。"

3. 天雕人塑,艺理相通

雕塑是一种静态的再现艺术,雕塑形象对于观赏者来说,由于所处的位置、角度和远近不同而有不同的感受,它能直接感染、陶冶和激发观赏者的心灵。雕塑的这种特有的最直接的表现性,决定了它的崇高的审美价值。云锦石不仅具有类似于人为雕塑艺术品的形态特征,可以当作雕塑艺术品来欣赏,而且它与雕塑的审美特征与雕塑的艺术语言也多有相似相通之处。

云锦石具有雕塑艺术的立体形态美与触觉美。作为一种文化,雕塑是用物质材料在三维空间中创造出的空间艺术与立体化形象。三维空间的体积是雕塑艺术最根本的语言,立体空间才是雕塑的生命根本之所在。雕塑塑造的形象是具有物质性的立体实物存在,具有实际的高度、宽度、深度和实在的质感,属于触觉型艺术。它是一种主观的艺术类型,媒介主要是雕塑家身体本身,它直接把触觉记忆体现为触觉或运动感觉本身的一种内在满足,它呈现出的是综合性的主观印象。加上视觉感应,能够唤起欣赏者更多的艺术想象,产生独特的艺术审美效果。雕塑形象的实在物质性,人们不仅可用视觉器官去感受它,还可用触觉器官去感受它,具有可沁入心脾、触及灵魂的触觉美感。如奥地利出土的"维林多夫维纳斯"雕像,整个作品的触觉感受表现为对女性生理特征的乳房、臀部、腹部夸张成几个向外扩张的球体并揉和在一起,体积感单纯而厚重,触觉美鲜明而张扬,是那个时期母神崇拜的精神之典型显现。

云锦石三度空间的实体性、精致的天然石质感,不仅使人直接了解其天然雕塑形态、图纹形象处于空间中的具体性与物质性,而且使观赏者在多角度欣赏、把玩、观摩的时候,可充分地感受具有类同雕塑艺术品及超越雕塑艺术品的立体形态美与触觉美。云锦石本身虽不等同于艺术品,但却具有丰富的艺术性与艺术美,同样具有人为雕塑的触觉感与触觉美。对于这一点,石友们在把玩玲珑剔透的云锦响石和饰满雕纹的云锦石镇纸时,已充分体察和感受到个中三昧。其实,触摸也是赏析奇石的一种美妙方式。将奇石拿在手上观赏把玩,或者用手直接触及摩擦其表体,可以与奇石进行心灵交流,娓娓对话。或如雨花石珠圆玉润般手感细腻,或如云锦石牙雕石刻般质感可心,能促使人的血液加速流动,使神性发生微妙变化,达到赏心怡情的效果。云锦石藏品"嫦娥孤栖与谁怜"是标准的镂雕型圆雕具象兔云锦石,那由布满珍珠状花纹的白色残留物层覆盖的兔身上,生有一黄色凸圆形的大朵云纹装饰;兔首由黄色镂雕花纹组成,呈现出透空的兔眼兔唇,那两只布满线刻云饰、并立合一且似可灵动的兔耳向后斜竖。通过视觉鉴赏此石,不仅可得到一只生动活泼、警觉异常的灵兔的艺术形象,而且以触摸把玩此石,可更加强烈地感受到石兔的造形奇妙与质感鲜明,令人获得畅快淋漓的触觉美。

在雕塑语言中,雕塑家根据光影的相互关系,通过对形体语言的处理,在雕塑表面可形成一种特定的光影效果,这种特定的光影,更加深化了雕塑作品的视觉感染力。明暗是造成雕塑刻画力和表现力的手段,雕塑的美主要表现为形象整体在光的照射下所产生的明暗层次效果。云锦石不仅具有一般雕塑艺术品与其他观赏石的整体外观形态,而且还具有一般雕塑艺术品与其他观赏不具备的浮雕、线雕、镂雕等艺术纹饰以及独具韵味的质色,具有优雅的起伏度与深幽的雕刻度,因此云锦石的光影效果更为彰显突出,更为丰富多彩、绮丽迷人。

任何艺术欣赏与创作皆需要空间美学。人类不断在征服空间,也利用空间,更营造空间,建筑结构要设置空间,都市景观要留存空间,国画要空间传神,书法线条之空间要"计白当黑",才能显示出环境、艺术与文字之美。没有空间就没有视觉,没有空间就没有美感。雕塑空间是雕塑艺术的灵魂。雕塑艺术本质上是一种能动体积,雕塑作品由于它的立体性,必然要占据相同体积的空间。既包括了雕塑的物理空间,也包括了雕塑作品在观赏者心中产生的精神空间,或者说是意念空间。雕塑不仅提供了一个可供观赏者想象和创造的空间,而且完全静止的雕塑也存在着一种内在的运动,一种不但在空间,也在时间上持续和伸展的状态。王朝闻认为雕塑是时间与空间的统一,作品的暗示性和观众的想象力的呼应使雕塑艺术具有时空的完整性和完善性。

意念空间是雕塑空间外的"空间",即观者、雕塑作品及雕塑创作者三者的意念碰撞,形成三位一体的空间组合。云锦石的主体造型及浮雕图纹属于空间中的艺术,云锦石的浮雕、镂雕、内雕等类艺术形态中也存在着丰富多变的雕塑空间。特别是石体中的云气状、云水状花纹间的空隙洞穴及纷繁万变、曲柔动感的沟槽,以一种强烈的穿透力,分化与连接了石体的虚空间,使虚空间的环绕状形成一种虚体,犹如气流中的涡旋,产生视觉引力,造成一种深邃的神秘感与强烈的幻觉。这也许就是云锦石表那些天雕云纹图案令人神迷目眩、心旷神怡的秘密之一。雕塑大师钱绍武教授在论太湖石的"苍茫"时,把传统赏石天然雕塑空间的妙处说透了:"太湖石的空间是天然形成的,非常自然的,有的是空灵,有的是潇洒,有的是沉着,有的强有力,有的像轻烟。"云锦石的体量虽然不能与太湖石相当,但其天然线雕、浮雕、镂雕、内雕状花纹图案及整体的雕塑空间效应与太湖石相比不仅毫不逊色,而且有过之而无不及。不仅如此,历经漫长时空磨难造就而成的天然雕塑云锦石,更是时间与空间的统一,是大自然母体所孕育出的宠儿,故其类同雕塑艺术的时空完整性和完善性,以及人们在鉴赏云锦石所形成的意念空间,在云锦石奇幻绝美的形态上与无比神秘的光环中自然也展现无余。如镂雕云锦石精品"孔雀戏水",全石为白色精细镂雕花饰所构成,其正面图案形态、景象酷似一展翎开屏、骄傲地炫耀雄性美的白羽孔雀,怡然自得立于溪边饮水戏浪,全石呈现出一片空阔通透、神秘曼妙的幻象仙境,令人迷恋神往。此石之形象,令人自然联想到南朝文学家鲍明远笔下之意境:"叠霜毛而弄影,振玉羽而临霞。朝戏於芝田,夕饮乎瑶池。"

4. 精美绝伦,天胜于人

雕塑艺术是最古老的艺术形式之一,悠悠数千年伴随着人类文明的进程,艺术家创造了难以计数的雕塑作品,成为人类珍贵的文化遗产。雕塑艺术品因其物质坚硬性成为永恒的印迹。无论是秦始皇陵地下军阵兵马俑,还是古希腊的维纳斯、文艺复兴时期的大卫等传世雕像,都是以其炉火纯青、登峰造极的技艺在人类艺术史上留下千古辉煌的篇章。云锦石虽是大自然经过千百万年时空的孕育,随心所欲成就的天然雕塑,但这些石品所显示出来的类艺术性、精美度与内涵意蕴丝毫不逊色于那些人为雕塑精品。刘勰在《文心雕龙·原道》中称赞自然之美:"旁及万品,动植皆文,龙凤以藻绘呈瑞,虎豹以炳蔚凝姿;云霞雕色,有逾画工之妙;草木贲华,无待锦匠之奇。夫岂外饰,盖自然耳。"云锦石作为天然成趣的类雕塑艺术品,其形质色纹均具有大自然特赋予的理想完美的品格与神韵。可以断言,无论是酷似生灵、惟妙惟肖的圆雕具象石,还是结构奇特、形态变幻莫测的圆雕抽象石,以及云雕水纹、诡异瑰丽的图纹云锦石所组成的天然群雕,其本身就是任何中外观赏石品种中都不可能出现的奇迹,也是世界上任何艺术大师和雕塑巨匠无法创造、无法模仿的绝世珍品,即使现代雕塑大师罗丹或我国古代石艺祖师鲁班再世,面对云锦石百媚千娇的生动造型与神秘莫测的云阵锦屏图案,恐怕也只能啧啧称奇、望石拜倒而已。

奇石的不可再生性是由奇石形成中漫长的地质演变史所决定的,对于人类来说,地球不可能再造就一代新的奇石资源,也不可能如法炮制出任何奇石。据说为了复制同等体量的秦兵马俑,以研发陶俑制作工艺,国家曾立项投入巨资,集中一大批文物专家与艺术家,反复精心实验而未果,不知何故,泥坯不是烧之不透,就是被烧破损,无奈只得终止课题。两千多年前秦朝工匠们高超的陶塑技艺,以现代先进的科技手段尚且无法破解模仿,那么,具有神雕魔刻的花纹层和类似蛋体多重构造的云锦石,简直就是一个无法破解的巨大魔方,再狡黠的造假者当然不可能伪造出云锦石赝品了。

中国云锦石质地坚实,色泽清丽,图纹瑰奇,形态优雅,无须人为雕琢,几疑神灵相助,乃浑然妙造天成,于光怪陆离中蕴含着无穷的神异与奥秘。藏品"女王风采"(22cm×27cm×7cm)属于双面浮雕的准圆雕具象石,其剪影似一栩栩如生的西方女王雕塑头像,双面面部如真人一样轮廓分明,自然丰满,额、眉、眼、鼻、唇、耳五官俱全,颧骨形态明显;一头金发造型富于动感,亮丽潇洒,尤其是那顶只有女王独有的"金冠",似彰显出皇家王者高贵威严之气;女王头像的颈部曲线十分优雅曲柔,就连楔形底部也极为规整利落,使头像嵌于座上十分吻合;头像呈扁薄状,坚似牙料骨质,轻若铝镍合金,试以弹指相击,则生发青花细瓷之清韵。面对一方如此精致完美、酷似西方女王雕像的具象云锦石,我们除了惊讶而惶然、折服无语外,就只有庆幸满足、予以恒久珍藏、倍加欣赏了。

圆雕具象云锦石"观音大士"曾于2001年在全国第五次赏石大展上获得金奖。此石属于云锦石中的大石极品(50cm×25cm×24cm),整个石体如同身裹法衣的观音菩萨于莲台上跌坐禅定之情态。法衣由古铜色云气云水状浮雕图纹,以夹金织锦般铺张连缀而成,精美雅致,庄重富丽,耀眼眩目;观世音玉树临风,头巾飘逸,素面如月,静如处子;法身凛然,佛光环照,云气缭绕,圣洁神秘。这尊观音具象云锦石形、质、色、纹、意皆无可挑剔,已达到至善至美境界,堪称云锦石之王。面对这几分具象又几分抽象的天雕观音偶像,石友们如同善男信女于冥冥之中见到那位慈航普度的观世音菩萨真身显圣一般,皆立刻肃然起敬,虔诚地接受她的恩泽与点化。有诗为证:

观音菩萨妙难酬,清净庄严累劫修。

三十二应周尘刹,百千万劫化阎浮。

瓶中甘露常遍洒,手内杨枝不计秋。

千处祈求千处应,苦海常作度人舟。

成语"鬼斧神工"典出于《庄子·达生》:梓庆削木为鐻,鐻成,见者惊犹鬼神。鲁侯见而问焉,曰:"子何术以为焉?"对曰:"臣工人,何术之有?虽然,有一焉。臣将为鐻,未尝敢以耗气也,必齐以静心。齐三日,而不敢怀庆赏爵禄;齐五日,不敢怀非誉巧拙;齐七日,辄然忘吾有四肢形体也。当是时也,无公朝,奇巧专而外骨消。然后入山林,观天性,形驱至矣,然后成见鐻,然后加手焉;不然则已,则以天合天,器之所以疑神者,其是与!"此成语旨在说明梓庆的技艺之所以如鬼神般高超神妙,在于他"齐以静心",杜绝杂念,凝神养气,专注于艺,达到"以天合天"的大境界所致,而这并不是一般人所能做到的。

　　云锦石本来就是大自然的天才得意之作，因其形态酷似人为的雕塑艺术品，便称其为天然雕塑，现正好以"鬼斧神工"成语来赞誉、评价云锦石天雕的奇质异美。这既是出于无法造出更妙更高级的修饰语可用的无奈，也是自然而然归用其本意而已，实在是应天理、合情理之事。面对云锦石鬼斧神工的天雕美，我们只能茫然地仰望苍天，产生无奈的困惑与惊叹。我们实在无法自由去想象假设，也畏难去思索求解，为什么未经过高智商的人脑与高科技的电脑理性设计和艺术家雕琢的天然顽石，在大自然瞬息万变的恶劣环境中，却会在形态结构上仿佛人为巧妙设计和精雕细刻一般，且其精美的程度又远远优于这种设计和雕刻的艺术品呢？

　　大雕塑家罗丹在表现创世者的手时，特意地把它塑成揉和泥土的雕塑家的手，这也许是因为雕塑家的工作与上帝创世的壮举颇为相似之故。那么，人世间是否真有如同创世者的手所创作的天然雕塑呢？纵览古今，扫视环宇，目前恐怕唯有中国云锦石才真正算得上是至奇至美、胜于人艺的天然雕塑了。

第六章　中国云锦石自然美的表现形式（二）

一、诡异瑰丽的图纹美

（一）图纹石与图纹美

图纹石包括图案石、纹理石和文字石。2007年11月1日，《观赏石鉴评标准》已经作为中华人民共和国地质矿产行业标准，由国土资源部正式发布。该标准中"4.2图纹石类"规定："图纹石以具有清晰、美丽的各种纹理、层理、斑块等为其主要特征。常在石面上构成艺术图案。它的形成主要与岩石本身的特性有关。"

岩石类奇石的"纹"是岩石物质组成和结构构造的不均一性造成的，而化石类奇石的"纹"则是由生物本身的硬体构造构成。纹理石就是石表由纹理、层理、线条、色素组成图像的奇石，主要看纹理图像形态的形式美与可赏性；图案石就是以平面画面表现石情画意的奇石，主要看图案构成与内涵意蕴的奇特性与艺术性；文字石就是由纹理、线条、色素所形成类似文字的奇石，或如汉字，或似外文，也有的像数字之类，主要看类似文字的类似度与奇巧度，以及类似文字的吉祥象征意义。

奇石的图纹美是指石中所含的矿物质在石表形成的天然图纹、图案、图像所显现出来的自然美与意蕴美。奇石的图纹形成与岩石的成因及各种地质作用有密切关系。沉积作用、变质作用、岩浆活动、构造运动，都可以产生奇石不同形态、不同内涵的花纹图像。一部分图纹石石表形成景物、人物、动物、静物等人间万象图案，或以线条演绎，或以色块构成，穷极变幻，千奇百怪，美不胜收；大部分图纹石的图纹虽未形成特定的具象图案，未明显反映出什么特定的内涵主题，然而其含蓄的意蕴及其石纹曲线美、抽象美、肌理美、色彩美相得益彰，具有绝妙的艺术审美效果与深刻的表现力。图纹石的画面中有很多类似皮影、剪纸、版画、蜡染、古壁画、汉砖拓片、现代彩墨画、卡通画、漫画、现代绘画的风格，纹彩丰富，纹理多变，纹样奇特，寓意美好，尽显出图纹石丰富的艺术性与自然美。

我国古代的文人墨客们不仅狂热地迷恋湖石类的造形石，同时也十分喜好各种图纹石。北宋文豪苏东坡所钟爱的雪浪石黑质白脉，纹如浪涌，展现出一幅幅若隐若现的山水画卷，属于典型的图纹石；雨花石具有娇小圆滑的形体美，玉质莹润的肌质美，绚丽多彩的色泽美，纷繁变幻的纹理美，是我国发现最早、普及最广的图纹石；国人早就将大理石材平面的线条、色纹、肌理巧妙构成的图案视作一幅幅天然的山水画镶嵌于屏风、几桌、画框中，主要欣赏其玄妙神秘的抽象美。大理石把多少风云沧桑录进石中，也把多少美好梦想投影于石。大理石的天然画作令大旅行家徐霞客惊赞不已："块块皆奇，俱绝妙着色山水，危峰断壑，飞瀑随云，雪崖映水，层叠远近。笔笔灵异，云能皆活,山如有声,不特五色灿烂而已。""故知造物之愈出愈奇,从此丹青一家皆为俗笔,而画苑可废矣。"

（二）云锦石诡异瑰丽的图纹美

云锦石的图纹显著不同于其他类型图纹石,其纹理、图案主要是由浮雕状花纹来体现、构成。它集图纹石与造型石的特点于一身,可归入较为特殊的一类即造型图纹石(或图纹造型石)。所谓造型图纹石,是指既具美妙的造型,又有清晰的纹理,共同组成艺术形象的图纹石(或造型石)。云锦石作为造型图纹石,其物理形态、审美特征与一般意义上的图纹石既有可比的一面,又有不可比的一面。现从云锦石作为图纹石一面的自身形态特征来赏析品味其美感与魅力。

1. 浮雕图纹,独领风骚

我国民间浮雕艺术史可以追溯到距今约五千年前新石器时期的仰韶文化,彩陶器上的各种图案均带有起伏和凹凸变形的纹样直接孕育了浮雕的形式。佛教艺术的传入给中国的浮雕艺术注入了新鲜的血液,魏晋以来开凿的石窟艺术如龙门石窟、云岗石窟、敦煌石窟等佛教艺术经典中除了圆雕造像之外,绝大部分仍是浮雕的形式,皆已成为延绵千古的艺术奇葩和文化瑰宝。

中国云锦石属于造型类图纹石,其石表天生的浮雕花纹图案是其天雕美、自然美最为突出最为奇异的特征,故云锦石首先应作为图纹石类来看待与鉴赏。云锦石与其他石种一般意义上的图纹石存在极大的差异,或者说存在根本性的差异。一般图纹石绝大多数是在平面的、一维的石体表面上,因所含矿物质不同而存在色差,显现出形形色色的图纹,而云锦石的图纹都是三维的类雕塑艺术图纹,即浮雕状图纹。

云锦石上的天雕图纹具有以下特征:一是具有共性,每方云锦石上皆镌刻有线雕、浮雕等图纹,或疏密有致,或布满全石,或多层相叠,参差交互。其线条纹理、质感韵味、图案风格大致类似,其形态多为云气纹、云水纹、无定向曲线阴纹、阳纹以及千变万化的花样花结,共同组成五彩斑斓的图案图像。二是个性突出,每方云锦石上的浮雕图案的构成、质地、品相、纹形、花色均自成一格,绝不与它石雷同。也就是说,各个石品图案花纹自成系统,其纹形、大小、走向、厚度、构图等不存在规律性、同一性,故实际上不会出现两方图案花纹相同莫辨的云锦石。三是浮雕图案的内涵无比丰富,构思玄妙诡奇,形态百媚千娇,花色繁缛绮丽,多有天方夜谭的创意,神来之笔的完美,图案风格、内涵如万花筒一般变幻莫测,异彩纷呈,十分精美,往往令人眼花缭乱,陶醉迷茫。云锦石的图纹图案构成并无规律性可循,但却具有理想的自然和谐性与有条不紊的建构图式,蕴含生机勃勃的动势力度和诡奇新颖的感受视觉。可以断言,云锦石上图纹图案的繁复度、奇异度、神秘度、精美度远远超越了已知的一切图纹石,即使是让科幻小说中的智能超人,采用最尖端的高技术手段也绝无可能想象、设计和加工出类似于云锦石的艺术图案来。

云锦石的浮雕图纹如同古代民间浮雕艺术一样,也有线雕、浅浮雕、中浮雕与深浮雕之分。线雕属于最浅显、最纤弱、最玄妙的浮雕。线雕的痕迹倩影在云锦石上无处不在,随意潇洒,千丝万缕,细如发丝,楚楚动人;曲似波纹,清秀妩媚,万种风情,丝丝迷人。线雕在表现石纹的细致精微、柔弱飘逸时尤其自由无忌,游刃有余,如乱丝游魂般极尽曲折变化之能事。浅浮雕云锦石图纹起位较低,形体压缩较大,利用极薄的空间塑造形体。有的如钱币、徽章上的图案,有的看上去如同木版画或铜版画的原版一般,有的则更大程度地接近于影雕、剪纸、织物、瓷面形式的纹理图案,有疏有密,层次分明,精细纷繁,婀娜多姿;深浮雕云锦石图纹由于起位较高、较厚,形体压缩程度较小,因此其空间构造和塑造特征更接近于圆雕,以三维的花纹花结、曲线实体、镂雕孔洞等组成种种艺术图版画屏,内涵丰富多彩,形成浓缩的空间深度感和强烈的视觉冲击力;中浮雕云锦石图纹空间深度感与审美视觉效果介于浅浮雕云锦石与深浮雕云锦石之间,同时体现出其形体大方有度、雕纹凸凹明显的特色与沉稳均衡的风格。

云锦石的雕塑状图纹并非单一的、纯粹的浮雕形态,往往在同一云锦石上,有浅、中、深浮雕混合互见,或者出现多重多色浮雕花纹,或者还夹杂有线雕、镂雕、起地平雕的类艺术形态。这些由多形态、多层次、多花样的浮雕、镂雕所组成的天然图纹石,纷繁似锦,奇幻诡异,无比瑰丽,极具魔力,强烈地展现出令人目眩、摄魂销魄的不可抗拒之美。显然,云锦石这种以人为云纹浮雕艺术形态为标志特征的天然雕塑,是迄今为止中外观赏石史上从未发现过的、绝无仅有的珍稀石种,堪称最神奇、最精致、最完美、最宝贵的图纹石。

2. 曲线世界,魅力无穷

中国古代雕塑艺术,对于作为造型语言"线"的情有独钟,是在装饰审美、形式表现和艺术精神方面所表露出的民族特点。线条的本质在于它与生命的某种异质同构关系,通过线条的种种变化传达出人的不同情感意绪。以线造型、以线达意在长期的实践过程中愈来愈富有概括性、象征性和抽象性等特点,成为有别于西方古代浮雕的重要艺术特征。

在构成中国云锦石天雕美、结构美、图纹美等诸视觉要素中,最大的亮点在于与中国古代雕塑一样,极大地突显了曲线美,而云锦石的曲线美乃主要来源于那些如梦如幻、动感十足的三维曲线流纹刻,还有那些与缕缕曲线花纹相伴相生的、具有曲线美的各种云气状、朵云状花结,因而才使得每方云锦石的天雕图案都变幻成一个个富华绮丽、魅力无穷的曲线世界。

曲线美是艺术线条美的基本法则。弧线、抛物线、波浪线、螺旋形线、蛇行线、S形线等,皆属于曲线。从美学角度来看,世界上最美的线条是曲线。自由生动的曲线,反映的是事物的内在美与大自然的勃勃生机。在自然界,很少存在单纯由直线组成的生物体,生命似乎是由曲线主导的,几乎所有美的形式都是由曲线构成的。一片叶子的轮廓是圆润的曲线,一只蝴蝶的翅膀是妙蔓的曲线,人体结构曲线是一种盘旋交错的曲线。

曲线可分为几何曲线与自由曲线。几何曲线的特点是秩序性强、清晰肯定、具有理性感;自由曲线不受几何学的制约,但富于个性,变化无穷,具有审美潜力和不可重复性。曲线依据结构、形态特征还可分为C形、O形、の形、S形等不同类型。C形曲线使人联想到弹力、动感、跳跃;O形曲线具有较强的向心力,使画面紧凑、丰满;の形曲线能产生紧张感、繁复感等视觉联想;S形曲线具有流动、活泼、神秘、优雅的特点,适合表现柔软的物体、娇嫩的生物体,尤其适宜表现女性的身姿形态。女性的体态美在于身体各部位S形曲线的变化,柔性和谐,富于魅力。女性腰身曲线不仅在视觉上赏心悦目,而且具有灵活律动的韵律美。西方最负盛名的艺术女神米洛的维纳斯那富于性感魅力的"S"形波状曲线,是人类女性曲线美的典型展现。雕像全身取旋转上升的趋向,臀部向右后稍突,膝盖微曲,而造成的整个身姿的优美曲线与秀丽端庄的容貌融为一体,成为不可亵渎的美的化身。

美国著名美学家威廉说,"美蕴藏于'S'状曲线之内"。英国著名画家和美学家威廉·荷迦斯在《美的分析》中指出:"蛇形线灵活生动,同时朝着不同的方向旋绕,能使眼睛得到满足,引导眼睛追逐其无限的多样性。""如果在可能想象得出来的大量多种多样的波状线中只有一种线条真正称得上是美的线条,那么,也只有一种准确的蛇形线,我把它叫做富有吸引力的线条。"

中华民族对于曲线形态有独特的审美情感,日久天长,崇尚曲线美渐渐成了一种思维方法,定型为一种记忆。清代袁枚在《与韩绍真书》中写到:"贵曲者,文也。天上有文曲星,无文直星。木之直者无文,木之拳曲盘纡者有文;水之静者无文,水之被风挠激者有文。"刘熙载于《艺概》中言:"龙曲则活,龙直则僵。"《古今文致》一书中《曲成说》言道:"尝博求天地之理,统观万物之情,乾取其旋,坤取其转。"曲线具有珠圆玉润、行云流水、缠绵绯测、起伏迭宕的生命情愫,曲线既和自然相通,又是各类艺术品描摹事物的手段。从商周青铜器物图案纹样的古朴典雅到汉代画像砖石形象的巧妙灵动,从汉代石雕的古朴稚拙到明清工艺小品的精致秀美,曲线在其变幻和深远的表演舞台中从来就牵动着人们的绵长情思。

中国书法是很讲究曲线美的,它以多样流动的线条充分体现其独特的审美价值。从大篆、小篆到行书、草书,表现了线条抽象的灵动,其曲折、顿挫、跌宕、起伏、盘旋、往复、疏荡、聚散等,都体现了曲与直的矛盾运动。王羲之的行书《兰亭序》通篇"兴逸神飞,心手两忘,如云似水,纯乎自然;骨力寓于姿媚之内,匠心泯于天然之中;轻快流畅,挥洒自若,首尾呼应,神完气足;轻重徐疾,抑扬顿挫,方圆使转,疏密揖让,大小长短,欹正聚散,莫不笔随意行,曲尽其美"。

中国画的线不是西洋画素描的线,也不是几何学上的线,而是中国书法的线。它不仅起着描绘物象的作用,其本身还有相对独立于描绘物象、传达生命与情感的审美价值。中国画的线是通过漆器艺术而发展起来的,是漆器艺术为中国画的线的应用奠定了深厚的基础。这种线是南齐谢赫《古画品录》所说的"气韵生动"的线,具有丰富的曲线美与高度的生命感。

中国古代雕塑以团块为主要结构手段,并辅之以既有表现力又有形式美的线条,这就使中国传统雕塑在世界雕塑中具有鲜明的东方民族风格。与突出团块、光影效果的雕塑造型方法相比,突出线条作用是一种概括性极强的造型方法。中国雕塑运用抽象于万事万物的形式美线条概括物象的形态神情,能获得圆满的立体效果。这一效果超乎于形表之外的立体空间感,有着一种与西方雕塑的实在空间感大相异趣的美感。古代浮雕借助线形的凹凸、曲直、疏密变化,用以勾勒轮廓,示意对象形体的交接、转折关系,特别在表现衣纹服饰的结构与装饰处理方面,更是将线性语言的生动流畅之特点发挥得淋漓尽致。

中国传统四大名石(太湖石、灵璧石、英石、昆石)具有"瘦、绉、漏、透"的造型特征,其整体形态或局部的构造中,无不包含着曲线美的观赏要素,如构成石形的曲线轮廓,组成图纹的曲线流,"漏、透"实则为圆洞孔穴所体现的曲线网络。在云锦石上五彩缤纷、气象万千的浮雕图纹中,集中体现出了古代线形艺术美的精髓,人们可看成是以线造型的中国古代雕塑艺术灵魂在云锦石上鬼使神差的复活与肆无忌惮的张扬,可想象成是中国书画线的艺术形象在云锦石上全方位的展现与狂放不羁的挥洒。云锦石石表上那些构建图案的线雕、浮雕花纹,那些遍布石面、恣意飞舞的波状线、蛇形线及凸凹刻纹,还有那些三维花结实体,独立或相对独立存在,隐含于图纹与曲线流中,诸种物质元素共同组成琳琅满目的天然石雕艺术品洋洋大观。正是由这些优雅绚丽的线雕、浮雕纹线汇成的曲线流,尽显出线形艺术的魅力,它们的形态是那样娇柔曼妙,婉转流畅,气韵生动,妩媚迷人,美在曲中,曲得其情,犹如巍巍黄山之岚带流云,渺渺西湖之春风涟绮。

自由无序的曲线具有抽象性与神秘性,使人感到一种活泼随意、生机盎然的美。绝大多数云锦石的浮雕图案由类似于C形、O形、の形、S形的三维实体,即以百媚千娇、飞舞起伏的自由曲线纹刻所构成,以无规则、无定向、自由潇洒的个性特色,构成一幅幅和谐灵动、魔力四射的雕版锦屏,令人目不暇接,心醉神迷,如痴如狂。也有一类云锦石的浮雕以曲线流形态组成类似于云涛滚滚、波涌浪迭的壮观画面图案,呈现出孔雀石或玛瑙石花纹般的韵律美。韵律是指动势或气韵的有秩序的反复,其中包含着近似因素或对比因素的交替、重复,使构图中所有造型因素在一定的节奏运动中呈现出统一的势态,从而形成图形的韵律感。节奏是视觉影像中力的显现,对于图形边线和图式整体结构边线的有序组织和构成,可引起一种明晰的起伏回旋的连续律动感。"彩云双龟"正是一方既有韵律感又有节奏感的浅浮雕图纹云锦石精品。石体椭圆扁平,通体几乎被此起彼伏、涌动翻腾状的云气纹韵律流图案包裹布满;曲线流花纹精致细腻,如丝绢彩缎样靓丽,似清泉碧水般自由灵动;在重重云阵、团团气流之上,恰好生有两只相对而卧的浮雕象形龟;龟壳纹饰历历,龟首、颈、尾皆具,雄者扬首似与雌者耳语,目圆秀而炯炯有神。石中的景物及意境俨然是远离人间的童话世界,也许那云图中的伉俪双龟正其乐无穷地沉湎于"卧看满天云不动,不知云与我俱东"的冥思遐想中。

曲线为何能激起人的美感呢?原来奥秘源于力的"图示感应"。所谓图式是指大脑中围绕某一主题组织起来的知识和储存方式。在瑞士心理学家皮亚杰认知发展理论中,图式是指一个有组织、可重复的行为模式或心理结构,是一种认知结构的单元。一个人的全部图式组成一个人的认知结构。世界上的一切事物都是物质的,物质都是运动的,运动都是靠力的各种"图式"平衡的。人的心理世界也存在着对应的力的"图式","图示感应"通过同化和顺应两种形式使人在客观世界中可感受到运动及生命力的美。正如阿恩海姆所说:"一切视觉形状都是力的式样,有两种力存在,一种是真实存在的物理的力,另一种是观众直观感知的心理的力。事实上,虚幻的心理的力,是对物理的力的体验,它在视觉艺术中专门为审美视知觉而存在,对物理的力进行了审美意义的加工和超越,而成为直接推动画面形式节奏的力。"

曲线既有曲度的变化又有长度的变化,还具有迂回、自由、活泼的特点,可给人以含蓄、优雅、柔和、缠绵、委婉、抒情之类的感觉;曲线,不管是人所创造的,还是自然天成的,对于人的视觉器官来说常常暗示着运动,能表现活力和动势,例如海浪、行云、花木枝叶的形式;曲线之所以美,还在于它具有流畅的动感,令人感到自由自在,更符合人心理上的节奏。如从空间关系的角度理解线条的魅力,所谓优美的波形曲线可使我们眼部的肌肉感到有一套较为自然、较有节奏的运动。在左右旋转的运动中,有些点仿佛对查看的眼睛作出韵律和谐音,于是我们感到在每一转换中再唤醒前一位置的感觉,而使心理反映有所变化,快感油然而生。曲线已成为人们内心蕴涵的物质形式,当大千世界中种种曲线的运动图式逐渐占据了心田,于是相应的"图示感应力"自然就打开了人们曲线美感泉水的阀门。如今,云锦石图纹的曲线大世界以波谲云诡之势与云蒸霞蔚之秀,以神雕魔刻之异与惊世骇俗之丽,慷慨无私地为人类心灵曲线图式的大海中又注入了一江九曲回肠的碧水清流。显然,云锦石上那些精致细腻、如云似水、变幻莫测、恣意舒展的三维曲线流与那些千变万化、神出鬼没的花纹花结,正是构成中国云锦石摄魂销魄的曲线美、韵律美、天雕美、图纹美、结构美的基石与灵魂。云锦石图纹曲线世界之奇幻绝美可从当代重要的艺术理论家英国人詹克斯在《艺术与设计》中的论述得到印证:"我从来不明白,为什么建筑师、画家和哲学家追随柏拉图,认为事物背后最终的现实存在于直线、直角和完全几何的实体中。自然从根本上是曲线的、弯曲的、无尽的、凹凸不平的、有时非常漂亮地卷曲着。"

总之,曲线是大千世界和生命万象存在、运行、进化的基本形态与脉络。没有曲线的柔媚,一切物体既没有合理的结构,也没有美妙的造型。从中国云锦石图案纷繁万变、诡异瑰丽的三维曲线大世界中,我们已充分享受到五彩斑斓、媚心销骨的曲线美盛宴,从而体验到整个宇宙永恒无限的勃勃生机与深不可测的奇幻神秘。

3. 云气图案,吉祥如意

图案构成就是通过点、线、面的组合变形、夸张、几何造型等手法追求形式美,以达到视觉审美与表现精神崇拜的效果。新石器时代马家窑文化彩陶上水纹、蛙纹、四大圈纹图案就是对自然形象的高度概括、简化和组合而成。中国四大名锦之一的"云锦"产于南京,正式发端则始于东晋。历经千百年的发展成熟精化后,云锦便成为我国元、明、清三代御用丝织品。因其图案纷繁、工艺精湛、用料考究、五彩经纬、"织金夹银"、富华典雅、绚丽多姿、灿若云霞而得名,是至臻至善的民族传统工艺美术珍品之一。明末文人吴梅村在《望江南》词中赞美云锦道:"江南好,机杼夺天工。孔雀妆花云锦烂,冰蚕吐凤雾绡空,新样小团龙。"云锦现已成为南京特色非物质文化遗产之一,受到无数中外人士的赞美与青睐。

在古代丝织物中,锦是代表最高技术水平的织物。《释名·采帛》曰:"锦,金也。作之用功重,其价如金。故惟尊者得服。"在云锦图案中,大量富于浪漫主义色彩的抽象纹样和描绘自然现实的具象纹样常常结合使用,成为浑然一体的装饰纹样,并具有吉祥的含义。"云纹"是云锦图案中应用最多的题材,其各种样式恐不下百种之多。常见的云纹图案样式就有:"四合云"、"如意云"、"和合云"、"七巧云"、"骨朵云"、"海潮云"、"大勾云"、"小勾云"等,加之斑斓富华、寓意深刻的各种吉祥图案与之配用,是传承了千百年的云气纹文化、吉祥文化在纺织工艺品上集大成式的精彩展现。

由于中国云锦石表层天然浮雕云纹图案异彩纷呈,繁缛绮丽,气韵不凡,颇具云锦风格,故石友们发现此石种时,便灵机一动,借来"云锦"美称,以冠石名。云锦石上的浮雕图案和云锦织物上的云纹锦样图案的总体观瞻效果仿若同类,完全是大自然的惊世杰作,纯属一种诡异玄妙的随机巧合。不仅如此,上天真乃神通广大,创意无限,进而还让云锦石表种种三维图案、花结的形态神韵与古代的云气纹、云水纹图案形态神韵如出一辙,达到了天人莫辨、形似神合之境,致使云气纹、云水纹等云纹已成为云锦石石种的标志性特征符号。正是这一不可思议的、鬼斧神工的偶然暗合,使得云锦石不仅一面世便拥有了如云似锦、奇幻瑰丽的天雕艺术表征与丰富的审美价值,而且还通过人们的审美观照与联想附会,无形中被赋予了鲜明的中华传统图案艺术特色,魔术般地获得了云气纹文化与吉祥文化的内涵底蕴。

在绵延数千年的中国传统文化中,吉祥文化凝结着中国人的伦理情感、生命意识、审美趣味与宗教情怀,源远流长,博大精深。它的精神内核在于帮助人们更好地生活,凡是人们所喜所好,都会纳入其中,构成吉祥文化永恒的主题和美好的画面。"吉祥"两字的组合使用,据认为最早出于殷周钟鼎彝器中，写作"吉羊"。《易传·系辞上》曰："吉，无不利。"后来，吉祥专指吉利、祥和。中国传统吉祥图案的设计把自然现象人格化、理想化、社会化，使天人关系成为伦理、道德、审美的演绎，"以象寓意，以意构象"，采用寓意象征性的图形表达种种抽象意义。这些意义最初大多源于自然崇拜和宗教崇拜，进而衍生出对于"生命繁衍、富贵康乐、祛灾除祸"等吉祥期盼。吉祥是中国人对万事万物希冀祝福的心理意愿和生活追求，传统装饰吉祥图案绝大多数都是中国祈吉纳祥文化思想的物化形象，云纹就是众多吉祥图案中的一种经典形式。

云纹的形态和用法很多，有的是单独完整、左右对称的云头，有的是蜿蜒舒卷、漫无定形的流云。前者亦称卷云纹，后者则多用作图案主题的陪衬。云纹在装饰形象上有行云、朵云、层云、团云、祥云、涡云、风云、五福云、六合云、七巧云，还有云海、云气等。到了先秦和两汉，商周青铜器上的雷纹被春秋战国时期的卷云纹所代替，较之前者它更具有回旋盘曲精神和不拘一格的多样性。这种侧重直觉动感和力势的散漫格式，成为汉代云气纹的先导。

汉代的云纹样式由于动感十足、气势遒劲而被称为"云气纹"。云气纹也称流云纹，是一种连弧状或波状的组合图案，呈凸凹状，似云水流动，或呈云团分布状。从形态上讲，单旋的云头是自成一团，螺旋环绕呈一个"C"形结构；双旋的云头有"如意形"和"S"形两种形态。"C"形、"S"形特定的形状组成了一个个具有相对独立和完整的云气纹样式，它所具有的卷曲盘旋、运动不息的生动形态造就了独特的视觉效果。

许静先生指出，汉代云气纹一个很重要的特色就是其云躯的线性化，而线状、带状云气纹给云躯带来很大的发展空间，如果没有云躯的过渡，不可能出现汉代云气纹中的线性流动形态。云躯将云头的表现空间延伸开，使得整个纹样更加富有视觉上的弹性和张力，扩张和延伸了原来简单云雷纹的形式感和空间感。其表现形式随意而自由，率性而灵动，奔放中不失韵律，散漫中不失秩序。在整体的装饰效果上，带状的云躯起到了加强动感和造势的作用，突出的是气韵生动。

瑞士心理学家荣格在个体的潜意识之外发现了一种社会或集体的无意识，并以此来解释个体以及集体的行为。按照荣格的解释："集体无意识是心灵的一部分，它有别于个体潜意识，就是由于它的存在不像后者那样来自个人的经验，因此不是个人习得的东西。集体无意识的内容则从来没有在意识里出现过，因而不是由个体习得的，是完全通过遗传而存在的。个体潜意识的内容大部分是情结，集体无意识的内容则主要是原型。"原型是人心理经验的先在的决定因素，它促使个体按照他的本族祖先所遗传的方式去行动。人们的集体行为，在很大程度上也是由这无意识的原型所决定的。集体无意识是与意识迥然不同的东西。它无法直接进入意识层面，只能经过创造，通过原始意象或象征形式表现出来，当个体在原始意象中体验到这种集体无意识时，就会体验到人类或本民族内在的共同经验。审美活动一旦将人头脑中某种潜藏得到的原型唤醒，他就可能凭借个人的经验和想象，本能地获得这种原始的审美感受。

中国人之所以热爱云气纹、云水纹之类的云纹，按照荣格的理论及现代心理学来诠释，可能是因为中国人头脑中有爱云的原型，这是远古以来形成的集体无意识。据考证，黄帝时代就十分崇拜云了。《周礼》记载："以五云之物辨吉凶水旱。"《左传》记载："黄帝受命之时，天上出现景云，故黄帝以云记事，百官师长皆以云名。"可见云是被崇拜的自然神，是氏族的保护神。人们通过祭祀活动祈求它带来雷雨，这就是巫术。《周易·小畜》的卜辞中就有"密云不雨，自我西郊"之语。八卦的兑卦就象征云、雨,坎卦也象征云。古人把云看作一种祥瑞,云兴霞蔚,给人一种神秘莫测之感;云起则雨,又有利于农耕社稷;云气阵阵神奇美妙,其自然形态的变幻有超凡的魅力;"云为龙故乡",古代帝王则以云龙图案为皇权神圣的标志。

在大自然奇妙变化的云气景象和自古以来对云的自然崇拜下,关于云的神话、传说、诗歌、乐舞、绘画、雕塑(青铜器上的云纹以及玉雕、木雕、砖雕、牙刻等的立体造型)几乎无处不在。如天安门前华表的柱身呈八角型,一条巨龙盘旋而上,龙身外布满重重云纹,汉白玉的石柱在蓝天白云的衬托下,颇有巨龙凌空飞腾的气势。柱身上方横插一块云板,上面雕满动感十足的祥云,使华表显得更为雄伟庄严。

汉代云纹从描绘一个自然具象的实在之物发展成为一个抽象的反映民族审美内涵的概念之物,进而以艺术形态的符号流传了下来。云纹乃是生机、灵性、精神、祥瑞等的载体和象征,体现了中国古人崇尚自然、师法自然的原始观念。云纹在中国人的审美世界中被赋予了一种主观的意愿,它已不再是对天上之云的客观写照,而是心物合一的产物,是中国人心中之云的表达。云纹在形态上对流动飘逸的曲线和回转交错结构的一贯保持,体现了中华民族的审美感觉与审美心理的普遍倾向,适应了中国人注重事物动态特征、热衷流动形式美的一般审美习惯。云气纹图案深刻反映了当时汉人追求宇宙阴阳二气的和谐,以气韵生动作为审美目标。

东汉许慎《说文》对"云"的解释是:"云,山川气也。"可见,在古人的观念中,云气是相生相长的,"云"与"气"实为一体,义本一贯。万物皆有其气数、气机、气运、气象和气质等,所以说万物的本体和生命就是气。庄子曰:"人之生,气之聚也;聚则为生,散则为死。若死生之徒,吾又何患! 故万物一也,是其所美者为神奇,其所恶者为臭腐;臭腐复化为神奇,神奇复化为臭腐。故曰'通天下一气耳'。"

中国文化所有的独特形式,都是与"天"、"气"相应而诞生的。中国的节庆、风水、农耕、武术、中医、围棋、书画,没有一项内涵可排除其之外。中医理论认为,所谓"天人相应"就是以"气"为基础的人的生命活动,"天"与"人"之间之所以能合一,是因为天人在本质上都是气,天是充满气的宇宙空间,而人是以气的运动为其生命特征的客体。从某种意义上看,气论哲学就是把人与宇宙自然看作一个生命的整体,人决不能离开宇宙自然而独立存在。正如马克思所说:"自然界,就它本身不是人的身体而言,是人的无机的身体。人靠自然界来生活。这就是说,自然界是人为了不致死亡而必须与之形影不离的身体。"

中国云纹的发展史,贯穿了整部的艺术史,同时也是中国人的审美心理的发展历程。正如徐华先生所说:"从抽象的混沌到拟似的清晰,从简洁的单体到复杂的组合,从无定的时尚到定型的程式,上下数千年的云纹形态,宛如行云流水,不息演变而延绵数千年,沁润于社会生活和人们心灵之中。"因此,"云纹"所固有的形式美及文化内涵,使其成为中华民族的重要的审美选择,是一种极具有中华文化特色和民族精神的抽象传统纹样,云纹已成为中国人骨子里的图案。

现代社会生活与艺术活动中,云纹的形态基因仍无处不在,不断释放着巨大的生命力,如北京奥运的多种艺术品与实用品的设计都大量借鉴或采用云气纹、云水纹等云纹图案。"祥云火炬"的创意灵感来自"渊源共生,和谐共融"的"祥云"这一具有代表性的中国文化符号。火炬上下比例均匀分割,祥云图案和立体浮雕式的工艺设计使整个火炬高雅华丽、内涵厚重,充分表达和传递了中国人民的民族精神；奥运奖牌设计制作，采用了中西合璧的理念"金镶玉"，其核心图形图案也是源自于汉唐时代的云气纹，显得特别有张力。祥云图案作为本届奥运会最成功的设计元素，一时间如春潮般涌动，几乎席卷了举国上下的电视银屏、舞台布景、各类服饰及书刊、网络页面，也为亿万中华儿女的心中带来阵阵吉祥瑞气。云气纹图案的美好形象与吉瑞喜气也随着奥运强劲的东风，将当代中国繁荣昌盛的信息和我国人民和平友好的意愿带给了五洲四海的朋友。

天地之精气结而为石。石，地之骨，气之核也。五岳之云触石而出，故古人多使云根以名石。宋梅尧臣《次韵答吴长文内翰遗石器》诗："山工日斲器，殊匪事樵牧。掘地取云根，剖坚如剖玉。"《诗注》曰："云生于石，故名石曰'云根'。"这说明古人认为云彩的生成，也是因了石头的缘故，所以石才有了"云根"的别名。如今中国云锦石的现世似乎为了证明"云根说"并非虚妄之论，特让蓝天之上那五彩缤纷的云山雾海飘然积聚，借助于清江的碧波绿水，回归镌刻于石体之上，幻化成奇姿神韵的天雕云锦图纹石甲，于是阴差阳错，便造就了旷世瑰宝清江魔石——中国云锦石。

4. 比德于云，借光瑞气

中国云锦石的天雕图案与云锦织物工艺图案具有极为相似的艺术风格，又与古代云气纹的形态神韵几近雷同，这皆得益于大自然神奇的伟力和时空的巧合所恩赐玉成。如今，当天赐美雕云锦石呈于前，或者天生丽质云锦砚捧在手，即人们在欣赏云锦石的自然美时，便会情不自禁地联想到那"五彩经纬，灿若云霞"的云锦，也自然而然地联系到充溢着吉瑞的云气纹文化与吉祥文化，产生类同于欣赏金石瓷器文物上云纹装饰的美感与心境，如欣赏战国"错金银云纹铜犀尊"、西汉"彩绘云气纹双层漆奁"、"越窑瓜棱云纹梅瓶"、"明和田青白玉雕云纹璧"之类。人们之所以会产生这种美妙联想与审美观照，云锦石之所以被人们用来与云锦织物相比拟，并以"云锦"作为石名，正是由于云锦石上图案的自然艺术符号与云纹图案这一富含中国人文基因的艺术符号从形态到内涵、从特征到风格存在太多的相似类同点之故。其一，云锦、云纹图案主要形态特征为涡旋状的云团花纹与云驱延伸为曼妙的云气云水云线纹相组合、相映衬而成，云锦石上的图案也分布着与之酷似的云团状花饰花结与随意曲线状纹刻流相混合、相间离而成；其二，云锦石天雕图案与云锦图案、各类云纹饰样的观瞻形态同显示出云纹浮雕般艺术效果，图案构成内涵皆多相似，图案整体风格均呈缛采，图案中都充满着动势力度，洋溢着神秘的氛围，蕴藏着奇幻的色彩；其三，云气纹文化以道家的阴阳哲学为精神内核，崇尚"天人合一"，讲求气韵生动，云纹内由点向外扩展的螺旋和卷曲的形态，也许正是古人认识宇宙根源之所在；云锦石图案与云纹图案不仅整体形态与艺术风格惊人相似，如出一辙，而且都具有生气蓬勃、活力四射的品格，符合道家美学、生命美学的理论与价值观，似乎二者都可视为云气纹文化与吉祥文化的理想载体或意念替代物。于是，人们将云锦石与源远流长的云气纹文化和吉祥文化连接纠缠在一起，使云锦石的赏玩内涵更为丰富多彩，更具深邃的文化底蕴和浓厚的审美情趣，使云锦石的种种价值也自然随之放大倍增。

在中国古代类比思维中，有一种叫做"观物比德"，是人与物的类比，即比德思维。"比德说"的基本内涵是将自然审美对象的特征同人的某种精神品格相对照，从中意会到自然物中所表征的某种道德人格。"比德说"是从孔子的"君子以玉比德、以骥比德、以山水比德、以兰草比德"而来的，它实际上是寻找主体思想情态与客体自然形态之间的形式同构，一方面是把主体的思想情态置于客体的自然形态之中，和西方普立斯的"移情说"相近；另一方面是在主客体之间，寻求人和物的同构，又和西方的格式塔心理学美学相似。中国人的自然美趣味长期受"比德说"的影响，将自然美的丰富内涵纳入了伦理规范的框架，将自然美作为伦理道德的一种类型化的符号，借助伦理性的类比去感受和把握自然美。"比德说"的实质是认为自然美美在它所比附的道德伦理品格，自然物的美丑取决于其所比附的道德情操的价值。

由于汉代对"比德说"的发扬光大，使托物言志成为一种普遍的创作模式，对后世自然美欣赏和文艺创作都产生了巨大、深远的影响。自然美以其自由的形式感应着人的心理活动，进而陶冶人的情感，塑造人的心灵，促进人的生命全面发展。古人之所以对梅、兰、竹、菊情有独钟，不仅是这些花木美的自然形态美使然，更重要的是它们可以象征古代文人崇高的人格理想。于是，"梅兰竹菊"作为园林盆景和诗画主题可登临文化艺术大雅之堂，供酷爱者朝夕观赏和品味。花鸟画在宋代的兴起体现了宋代由物理到心性的比德过程，但花鸟画在发展的过程中改变了似锦繁花的风格，而画得最多的题材是"梅兰竹菊"四君子图、"松竹梅"岁寒三友图等，实际上都是"比德式"审美传统的具体运用。

中国人对于园林景观用料太湖石等传统赏石的痴迷钟爱，其思想基础本源于道家哲学外，也是比德思维方式在起引导、支配作用，比德于玉与比德于湖石之区别仅在于前者看重的是玉之质，后者看重的是湖石之形象与坚贞。中国文人历来都有义重如山的品格，最强调人的刚正精神和铮铮骨气，因而米芾的瘦、绉、漏、透的奇石审美理论正好反映了这种精神美学的物质再现形象。古人根据湖石的特征总结出来的这四个字很能体现中国传统美学的精髓，其实质是比德思维的延伸发展。显然，孔子、荀子关于玉的比德是从美玉的高洁清丽中见到君子的形象，白居易、米芾从太湖石的刚强坚贞中见到的也是君子的形象，只不过前者是指所谓温润如玉的谦谦君子，后者却是指桀骜不驯的豪放志士而已。

中国人对于玉的比德崇拜造就了延绵数千年的玉文化，对于奇石的比德欣赏促成了数千年的奇石文化，而近现代对于菊花石的比德欣赏则是儒家"比德说"、宋代花鸟画的君子比德观在现代赏石理念中延续的一个范例。中国菊花石为二叠纪栖霞组碳酸盐岩中柱状天青石和菱锶矿等含锶矿物围绕某一结晶中心生长而形成的结核，并经后期溶解、交代的地质作用而形成菊花形态的产物。菊花石像植物界的菊花一样，千姿百态，花形逼真，花瓣伸展，婀娜多姿，质地细腻，黑白分明，形成强烈的色调对比。不同的人对于菊花石的欣赏视角虽不同，但多数人还是以自然界菊花的形态美作为标准来评价菊花石的品次，最优美的花形应是其菊花形态最接近自然界菊花的形态。这是因为中国人的比德思维所倡导的道德四君子"松梅竹菊"情结在起支配作用。清代革命志士谭嗣同钟爱菊花，进而以菊及石，酷爱家乡浏阳产的菊花石制作的石砚，自谓"菊花石之影"，还名其庐为"石菊影庐"。他在集《禊帖》自联于壁曰："人在有情天，得此群山，暂舍事事；生岂无怀世，每当九日，亦自欣欣。"还有一方《菊花石秋影砚》砚铭："我思故园，西风振壑。花气微醒，秋心零落。郭索郭索，墨声如昨。"可见这位近代史上叱咤风云的铁血男儿对不畏强暴的菊花精神与被赋予了菊花美德的菊花石是何等的挚爱和膜拜！

从对菊花与菊花石的审美关联的移情作用中进而可以理解，人们对具有相似于云纹艺术形态的云锦石的浓烈兴趣和钟爱迷恋，以及对云锦石云纹天雕图案的讴歌礼赞皆属于自然而然的心理和行为。因此，人们将云锦石上的云纹图案与云锦图案及云气纹图案进行审美比照，心目中从形态到内涵加以等量齐观,并在痴迷玩赏、陶醉于云锦石之美的同时,将种种美好的意愿与云锦石上那些神秘莫测、魅力无限的云气云水纹图案联想附会而迷陷于所谓"云锦石情结"之中,也就顺理成章了。

实际上,对于云锦石自然美鉴赏所产生的种种联想也应视为比德思维审美观的体现,只是由于云锦石上的图纹符号形态特征不属于"松竹梅菊"范围,而是与具有吉祥意义的云气云水纹相若酷似而已。康德非常推崇纯粹美和自由美,但他不得不承认,在实际生活中极少有纯粹美和自由美的存在。自然美进入我们的审美视野,往往首先要通过道德人格象征载体这一中介。于是,菊花石上的天雕菊花与云锦石上的天雕云纹便自然而然地充当了人们欣赏菊花石与云锦石自然美的中介载体,并借助于这一中介载体,以寄托、抒发审美主体的种种情感与意愿。

审美联想的范围非常广阔,主要类型包括接近联想、相似联想及对比联想。相似联想主要是指两件事物之间,在性质或状貌上的某种相似,使人习惯上把它们联系起来,从而由此物想到彼物。艺术创造中的比喻、象征等手法,即我国传统的比、兴手法,都属于相似联想。"松竹梅菊"四君子的象征意义皆属于相似联想的产物。由云锦石的天然云纹浮雕想到云锦织物,进而想到古代的云纹图案和云气纹文化、吉祥文化也是相似联想,而且是属于连锁式、多层次、递进式的相似联想。对于云锦石的这种审美观照与鉴赏理念,从思维层面上看,本质上仍然是类比思维、比德思维的反映和体现,其不同之处在于,对于菊花石的审美联想的是菊花的形象,进而比德的是赋于菊花的与君子具备的顽强斗争精神,而对于云锦石的云纹所联想的是云锦织物,进而联想的是云纹的艺术形象以及云气纹文化所带给人们的吉祥意味。通过云锦石的审美联想结果,云锦石酷似云气云水状的图纹不仅与云气纹的形态差不多成为了形神如一的同类物,而且也浸染了云气纹文化的色彩。在对于云锦石的审美观照中,除审美主体从云锦石的奇幻绝美中领略到云锦石各种审美特征所带给人的美感,还同时获得了云锦石从云气纹文化和吉祥文化借光得来的吉祥瑞气。于是,这种审美效应又增添了与上古以玉祭天,以及古人以泰山石敢当避邪免灾的灵石崇拜理念相类似的意义和作用。

祈求吉祥是人类古往今来的共愿,也是现代审美意识之一。在同品位奇石中,具有吉祥意味特点的奇石,其审美价值与心理地位往往要比普通奇石高出许多。宋代一些著名的皇家园林遗石往往冠以具有吉祥意味的"云"字来命名,如苏州的"瑞云峰"、"冠云峰"、杭州的"皱云峰"等。2008年,中央电视台《灵璧锁云归国记》节目讲述了灵璧奇石"锁云"归国的一段故事:"锁云"为一块珍贵的灵璧石,曾珍藏于日本石道学会会长佐藤观石先生手中。"锁云"的石形本身就像一朵飘动的祥云,石之中空部分随石外形也似祥云,又恰如凝滞被锁状态,寓意留住吉祥之意,或许此石因此得名。这块奇石侧面篆刻着"锁云"二字,落款为行书阴刻:"万历丁酉春三月藏石 米仲诏",另有一方阳刻"友石"印章。米仲诏正是明代大书画家、石圣米芾的后代。在一次寻访奇石的过程中,来自中国的周易杉先生在日本发现了"锁云"奇石。为目睹其风采,周先生多次拜访佐藤先生,与其探讨奇石文化,交流赏石意趣,并与之结下深厚友谊,终在2002年,佐藤观石先生将"锁云"赠予周易杉,于是"锁云"灵璧石顺利回国。"锁云"的故事生动地说明了中国人对于具有天生云形及赋予云意的奇石情有独钟,其滥觞则在于云气纹文化与吉祥文化之流韵。

千百年来,中国人崇尚吉祥文化并创造出丰富多彩的云气纹吉祥图案,使云气纹文化的精神与影子在生活中无处不在。如今,慷慨无私的大自然又将天雕云锦石恩赐给我们,使得云锦石不仅具有一般的吉祥色彩,而且云锦石似乎也无形中被云纹艺术美化和吉祥文化同化,故而云锦石应当之无愧地被视为中华奇石宝库中一个极其珍贵的吉祥文化石种。

唐朝诗人李邕有一首五律《咏云》诗曰:

彩云惊岁晚,缭绕孤山头。
散作五般色,凝为一段愁。
影虽沉涧底,形在天际游。
风动必飞去,不应长此留。

现试将此诗略作换字戏改,借以赞咏中国云锦石:

彩云降施南,缭绕群山头。
散作五般色,凝为万锦绣。
影虽沉江底,形在石表游。
风动难飘去,人间吉祥留。

5. 图案宝库,气象万千

图案设计是按照形式美的规律,在工艺材料、功能用途、经济条件和社会审美需求等前提下,充分发挥艺术想象,调动一切可视的图形、色彩、构图、技法,创造出具有实用性和装饰美的艺术形式。奇石图案纯属天然造化生成,当然不存在有谁有目的的设计问题,但奇石图案与人为艺术图案一样,所形成的艺术形象也可通过审美观照,通过艺术想象、联想等方式,解读或赋予其内涵中类似于人为艺术图案的象征意义。

云锦石表的浮雕图案是在清江河漫滩地下泥砾中自然渐变而形成,图案的形态表征与内涵是随意曼妙、千奇百怪的。在图案花纹的整体风格如云似锦这一根本特征前提下,每一方云锦石表的浮雕图案都是一件别具一格的天然石雕艺术品。

云锦石的浮雕图案由曲线纹理和各式各样的花结共同组成一幅幅斑斓瑰丽的图像画面。那些花结实体形形色色,形貌不定,变幻无穷,很难从中找到其定形模式及出没显现的某种规律。不过,经对大量石品多种花形反复比较,还是可以发现一些比较常见的样式。这些能反映某类石品特色风格或代表了石品各自内涵亮点的花结纹形,可谓花样百出,争芳斗艳。计有同心圆状、岩溶状、水纹状、浪花状、卷云状、层云状、麻丝状、鱼鳞状、卧蚕状、兰叶状、蘑菇状、葡萄状、窗花状、螺丝状、珍珠状、金币状等,皆奇巧天成,妙不可言。正是这些形形色色的纹刻,各具情态的花结自然交汇、融合在一起,光彩辉映,相得益彰,才得以营造、合成了云锦石如云似锦的整体天雕艺术效果。

令人难以想象的是,云锦石浮雕的图案语言与一些中国传统艺术图案语言颇多类似之处。中国古代漆器上的漆画艺术(包括浮雕状的漆雕),因封建社会的审美意识与漆器工艺结合形成了丰富的漆器图案,其图案语言是以弹性的曲线为主调,其构成形式有"S"形、"回"形等。如汉代工匠们在漆棺上描绘了大量旋转的、抽象的云气纹样,创造出令人晕眩的视觉效果来表现乘云飞升的动感。云锦石上的浮雕图案形态与构成形式虽然不及漆器上的图案语言那么标准和有一定规律,但其整体格局和风格与漆器图案的内涵韵味十分类似;云锦石的花饰花结的纹理曲度、自由度以及动感和张力不仅与漆器图纹线条的形态、走势、韵味颇为相若,而且在三维曲线刻纹图案的虚实空间中,似乎隐含着与漆画漆雕同样的深沉感与神秘感。

云锦石上浮雕、镂雕图纹所组成的图案与古代青铜器上雕纹刻饰的特征也颇为类似。青铜器艺术所具有的强烈的感情因素主要来自那些为商周时代所特有的装饰纹饰。从饕餮、夔龙、凤鸟等纹饰可以见出它们与原始社会陶器、玉器纹饰的渊源关系。商周青铜器秀美多姿的形态、令人眼花缭乱的纹饰，不但为研究上古美术史和造型艺术提供了丰富的资料，而且是现今装饰艺术很好的借鉴物。云锦石上那些繁缛精细、斑斓瑰丽、眩目迷人的云气云水状的异彩华章，令人不禁想起那以巧妙神秘的"失蜡法"工艺铸造的青铜器曾侯乙尊盘、子庚云纹铜禁、汉代傅山炉的艺术效果；不禁想起四羊方尊、莲鹤方壶以及簋、觚、彝、鬲等青铜礼器上的聚纹、带纹、网纹、散纹、屈奇纹所形成的种种灿然图案。如战国中后期青铜器上的散纹图案特征是出现一些幻想出来的影形动物和影形人物纹，并以散点方式构成，显示出十分自由活泼、具有灵动美的风格。很多云锦石上的图案看上去就好像是那个时期的一幅幅青铜器上的散纹图案，当然其中的纹饰形状不呈一定模式，又是千奇百怪的，其分布虽毫无规律，却极其灵动自由，颇为和谐耐看。

　　失蜡法是一种青铜器的熔模铸造技术，先制出蜡模，再翻合内外范，待浇铸铜液时，铜液会随着蜡模的熔化而深入纹饰的细微之处。正是采用这种技术，匠师们才完成了云纹禁由表层纹饰与内部多层铜梗构成的复杂空间立体装饰，获得层次丰富、花纹精细清晰犹如发丝的艺术效果。令人难以置信的是，云锦石上的镂雕图纹、花饰的艺术效果也是立体的、多层次的、精细入微的、万变灵动的。当然，按照云锦石的成因加以想象揣测，云锦石的镂雕花纹应是在其漫长的形成历程中，由神奇的水流手术刀点点滴滴、层层叠叠精雕细塑而成，看上去与以失蜡法铸就的青铜礼器形似韵同，如出一辙。如云锦石藏品"春秋礼器"，石体颇似一件青铜酒器，明显分为上下两部分。下为底座主体似一方舟，周身图纹呈半浮雕半镂雕状；顶部为酒器盖，盖上尽布满云气纹刻饰，盖下细颈部显露出灰白色残留物层；有一叠斜层梯状镂雕云纹花饰将上下相钩连。此石品图纹精美华贵，形制庄重沉稳，简直就像是从曾侯乙墓中出土的青铜礼器中的一件。

　　云锦石的浮雕图案呈现的是一个个千变万化、奇幻绝美得令人迷惑茫然的迷宫，其形态、动势、分布既不符合一定章法，也无什么规律，其中充满了自由奔放的大弧线刻纹、多变夸张的曲线流与形形色色的三维蛇形线、波状线、云气纹线、贝纹线交汇组合并穿插纠缠在一起，为整个图案画面造成激烈的运动感、富华感与神秘感，令观赏者目不暇接，眼花缭乱，如痴如醉，仿佛坠入五里雾中。这里可借用清代李渔对于云阵变化多端的评语来形容云锦石图纹之神奇多变："至于云之为物，顷刻数迁其位，须臾屡易其形，'千变万化'四字，犹为有定之称，其实云之变相，'千万'二字，犹不足以限量之也。"藏品青花云锦石"梦幻曲"，石体呈盾形，正反两面图案均由形态起伏、柔和繁缛的云气纹、云水纹所充塞填满，颇似一整幅波涛汹涌、浪花层叠、水天一色、漫无际涯的云景海图。倘若于忘情凝视之中加以超然幻想，或许石上那幅微型云景海图仿佛要化为蓬莱三山门外之茫茫仙境，人们似见海市蜃楼突现于眼前，似闻仙乐笙歌飘飘于耳际，甚至胸襟肺腑间也似乎倏然掠过一阵阵湿润清凉的海之咸风。

　　云锦石浮雕图案的诡异瑰丽、气象万千、神秘叵测、叹为观止之美，是难以描绘得传神入化，也无法形容得恰如其分。现借用雕刻家吕品昌先生评价浮雕艺术的妙语来赞颂云锦石的天然雕塑图案之神奇：当我们将云锦石作为图纹石鉴赏时，如果是指那些类似于浅浮雕线雕特征的石品的话，则以行云流水般涌动的绘画性线条和多视点切入的曲面状构图，传递着轻音乐般的平和情调和抒情诗般的浪漫柔情;如果是指那些类似于中深浮雕、镂雕艺术石品的话,则以较大的空间深度和较强的可塑性,对于形象的塑造具有一种强烈的表现力和震撼力。藏品"天女散花"为图纹云锦石中之妙品。其石形似佛塔,通体布满大朵大朵同心圆凸形花,纹图繁华富丽,石面温润雅致,韵味可人;花间曲纹如流,似仙气缭绕,绚丽迷茫,颇具"旭日腾辉,瑶空散采"的大千气象,自然让人联想到京剧艺术大师梅兰芳先生的经典剧目"天女散花"的美好艺术形象。有诗赞曰:

国色天香世无伦,百媚千娇画不成。

天上鲜花谁爱护,不如散给有情人。

总之,云锦石表妙造天成的图纹图案构成与内涵不可能存在一定的规律性,但是却具有符合形式美原理的高度自然和谐性与奇巧性,既展现出狂放无羁、风驰电掣的动感,又显示出条理分明、轻柔曼妙的韵律,充满了瑰异新奇、震聋发聩的视觉冲击力与摄魂销魄、令人窒息的审美感染力。面对天雕云锦石繁缛迷幻、诡异瑰丽的图纹美,江柳先生赞叹到:"她的色泽优雅,质地细腻,造型独特,人文深邃,最富有汉民族传统花纹特色。可谓'此石只应神州有,人间难得几回见'!"

二、古雅高贵的色泽美

(一)奇石的色泽效应与成因

马克思说过:"色泽的感觉是一切美感中最大众化的形式。"色即颜色,人眼视觉反映的基本特征之一;颜色和光泽给人的综合印象即色泽。泽,即光润。奇石的色泽美,是指颜色、色彩、光泽等所形成的、富于感染力的光色效果。色彩是抽象的表象符号。色彩的抽象性在一定意义上与人类内在的情感等主观经验形式和联想有关,色彩的反射,具有强烈的表情性能,最容易打动人们的心灵。阿恩海姆指出:"说到表情作用,色彩却又胜过形状一筹,那落日的余晖以及地中海的碧蓝色彩所传达的表情,恐怕是任何确定的形状也望尘莫及的。"

自然界物体千变万化,自身不发光,却都具有选择性地吸收、反射、透射、漫射和折射色光的特性。物体的颜色和光泽是物质对光的作用的反映,而光是一种微粒作波浪式运动的结果。由于不同颜色的光具有不同的穿透力,而不同物质对光的吸收和反射能力是不同的,所以形成不同的颜色,而由于物体光面不同而使光有不同反应,也给人以不同的光感,这就是我们所理解的色彩和光泽。

各种色彩都有不同的欣赏价值,都有一种兴奋作用,从而具有一种特定价值。色彩的物理本质是波长不同的光,人的视觉器官可感知的光是波长在390～770毫微米之间的电磁波。各种物体因吸收和反射光的电磁波程度不同,而呈现出赤、橙、黄、绿、青、蓝、紫等十分复杂的色彩现象。色彩既有色相、明度、纯度属性,又有色性差异。色彩通过人的视觉感受,进而可影响人的感情,甚至还能调节人的心理,有利于人的健康。奇石的不同颜色不仅会产生不同的心理效果,而且还会使人的脑垂体分泌出一系列"甾体类"的化学物质,会对人的情绪、行为和健康产生影响。有的可达到一定的治疗效果,如橙色奇石可征服不安定感或压抑的心情,有助于胃口大开。

奇石的颜色形成取决于奇石形成中的先期环境与后期环境。先期环境往往是指原始的产出环境或是由原始的各种矿物组合而形成不同色彩的环境。所以，各种矿物的不同组合的数量多寡，加之氧化、还原条件以及暴露和埋藏的不同环境，处于开放环境还是封闭环境等不同条件，都可能组成岩石绚丽多彩的颜色。后期环境是与岩石在自然界经长期搬运、腐蚀、风化后再着色有关。这一过程中可使岩石自身的表面色彩产生异化或假色，如黄蜡石使原本洁白的石英因铁离子侵染罩上蜡黄色。

张士中、张家志等地质、矿物学家的科学研究成果解析证实：奇石的颜色，是由组成原岩的矿物所含的色素离子、致色元素和带色矿物的不同及含量多少和分布状态而呈现不同的颜色。原生色是岩石、矿物的固有色，多以黑、灰黑、灰、灰绿、灰黄为常见；次生风化色是岩石接近地表或处于地表风化条件下的次生染色，常沿裂隙、层理或不同孔隙而呈不均匀扩散状，在裂隙或裂隙两侧色度明显加深，以似铁锈般的褐色、褐黄色、浅棕黄色为常见。

（二）云锦石古雅高贵的色泽美

中国云锦石色泽丰富多彩，清丽明快，温和沉着，赏心悦目，具有古雅高贵的色泽美。

1. 黄色主调，高雅华贵

由于人类长期生活在一个色彩的世界里，无时无刻不在和色彩打交道，积累了丰富的视觉经验，各种色彩能引起人们许许多多的联想，因而赋予色彩以表情与内涵。其中，黄色被赋予了"灿烂、辉煌、高贵、智慧、权力、财富"等表情因素。黄色调是暖色调，也是最明亮、最活泼、最引人注目的色彩。其波长仅次于红色，为565～590毫微米，是所有纯色相中发光明度最高的色彩，它总是明亮夺目，具有光明、希望、明朗、庄严及高贵的象征意义。黄色具有强烈的放射感，充满向外扩张的力度。黄色奇石有温暖感，能增强人体的活力和欲望，会使心猿意马之人逐渐变得宁静平和，且慰平心中的郁结，使心情舒适弛缓，还能减少强光对眼睛的刺激，起到护眼的作用。

不同民族对同一色彩有不同的心理认知，这种不同的心理影响主要来自色彩在不同国家的象征意义。五行说是西周时产生的一种朴素的唯物主义思想，即"土与金、木、水、火相杂以成万物"的观点。在五行理论中，黄色与土对应，土有生长万物的性能，在五种元素中居于主导地位，因而高贵的黄色在中国封建历史上具有至尊至上的地位。班固的《白虎通义》："黄者，中和之色，自然之性，万古不易。"黄色介于黑白赤橙之间，又是诸色的中央之色。故黄色被视作君权的象征，专为皇室所使用，成为只有皇族才能享用的神圣尊贵之色，百姓如有犯忌则会罪祸加身，形成了一种中国特有的"黄色文化"。因此，英国女王到中国访问，特地要穿上黄色的衣裙，以示其王者之至尊。在东方的宗教中，黄色也多作为宗教建筑、用器上的色彩，是体现信仰、神圣、虔诚的象征色。黄色以它光辉眩目的色感被抽象派画家康定斯基称为"夜晚的灯光"。国际上，体育运动的领头羊就以黄色为标记，所着的黄色运动装既是领头衫，又是荣誉衫。

那么，自然界的黄色是否也特别显得美好呢？丰收的秋季被称为"金黄色的秋天"，五谷都是黄色的，成熟的水果大都也是近黄色的，就连秋天的黄叶也能演绎浪漫的情思。范仲淹的《苏幕遮》词境，便是一曲充满声色情调的、缠绵动人的幽幽恋歌："碧云天，黄叶地。秋色连波，波上寒烟翠。山映斜阳天接水。芳草无情，更在斜阳外。黯乡魂，追旅思。夜夜除非，好梦留人睡。明月楼高休独倚,酒入愁肠,化作相思泪。"

凡·高不倦地画向日葵,当他说:"黄色何其美!"这不仅仅是画家感觉的反应,其间还包含着宗教信仰的感情。对于他,黄色是太阳之光,即光和热的象征。我们中国人属于黄种人,黄色又是黄土高原、黄河之水的颜色,对于黄色有一种天然的亲切感与亲和力,故黄色成为中华民族文化和中华文明的象征,是中华民族所钟爱的主色调之一。然而,由于西方文化的负面影响,使得本具崇高地位的黄色被误解滥用,结果甚至沦为色情媚俗文化的代名词。因此,曹振宇教授呼吁应正本清源,理直气壮地恢复黄色本来具有的尊贵地位。

云锦石形成、埋藏于河漫滩中,属于地表水和地下水造就成的水融石。在反反复复的干湿交替过程里,母体钙镁碳酸盐岩的颜色,或被色素离子混染,致使云锦石大家族的主色调为黄色。云锦石的黄色并非一种单调无层次变化的色相,其黄色色谱异常丰富,有泥黄、深黄、浅黄、米黄、茶黄、谷黄、橙黄、铬黄、褐黄、明黄等。在云锦石的系列黄色中,尤以可代表皇权的明黄色最具魅惑力与感染力。当云锦石被石农从地下采出的一霎那间,它给人们最迅速最强烈的刺激和震撼不是石形而是石色。曾记得,那少有的明黄色云锦石表以湿润细腻、鲜亮明快、花纹楚楚的娇容突然呈现在艳阳蓝天之下一刻时,那十分眩目的、如栀子果色素的光彩像闪电一般足以使瞳孔扩大发亮,令人心醉神迷而不能自拔,于是情不自禁地联想到了三国时魏武与杨修比试文思才敏、而前者"慢三十里"而落败的那个著名典故——"黄绢幼妇",即"绝妙"二字的隐语。

云锦石的黄色主调决定了云锦石的色泽光辉自然显露出黄色光谱的性能与效应,它带给人们的多是雅致与愉快的气氛与感觉。在云锦石友的心目中,云锦石石色既蕴含有绵长古雅的韵味,又显示出无比高贵的气质,故云锦石的黄色调堪称最理想、最美好、最令人心旷神怡的石色。

2. 石色纷呈,石心异彩

云锦石的石色斑斓纷呈,丰富多彩,除系列黄色以及蓝、赭、白、灰、古铜色等杂色外,还有一大类呈青黄、青绿、青灰色及黑色云锦石,其风格特色与黄花云锦石相比略有些许似同外,实则大别异趣者,统称为青花云锦石,简称"青花"。青花云锦石中以黑青花最为珍稀罕见,实际上整个产地体量约在30cm以上的黑色青花云锦石精品至今仅产出几方而已。黑色历来是最具理性和神秘意味的颜色。《汉书·五行志第七上》有云:黑色是"终藏万物者也",所以黑色也具五色之功。道家就主张玄学,崇尚黑色,认为黑色是众色之首,阴阳高于万物,黑白也就高于五色。有一方题名为"青云直上"的黑色青花石,可算得是云锦石中的珍品孤宝。石体略为方柱形,全石均被漆黑色重重叠叠浮雕云纹图案所覆盖包裹,仿若整座墨玉雕花玉山巍然矗立;缭缭云气如青岚浓雾般密密麻麻,蒸蒸腾腾,好似从下而上呈源源翻滚,奔涌不绝状,大有直上重霄九、气吞万里山河的气势;那莽莽青云巨阵仿佛要冲向天汉穹苍,将人的思绪与志向带入谪仙《庐山遥寄卢侍御虚舟》中的诗句,"庐山秀出南斗傍,屏风九叠云锦张,影落明湖青黛光"所描绘的恢宏崇高、浩渺神秘的艺术幻境之中。

云锦石不仅身披着天生丽质的花纹石甲,而且内藏质色如玉、细腻光润的石心(即原石)。石心属于含硅的泥-粉晶级灰岩,因矿物组成比例和成分的差异,便导致其色泽缤纷,光彩可鉴。石表疏密有间的花纹与灰白色残留物及色泽缤纷的石心,不仅共同展现出云锦石多姿多彩的雅致风韵,也为其加工而成砚、笔筒、笔洗、水盂等工艺品增添了几多浓墨重彩与特质韵味。

云锦石石心的色彩可分为纯净单色与五彩杂呈两大类：纯净单色类色谱有浅灰、银灰、深黑、淡紫、乳白、浅黄、嫣红等色，其中以银灰色、深黑色的石心切片对于眼球与心灵最具有吸引力、诱惑力与满足感，而乳白色、嫣红色的石心则显得庄重洁净、艳丽喜气，十分罕见珍贵；五彩杂呈类石心又分为多彩图纹类、单体图案类及仿水墨丹青类，各类切片分别显示出富丽华贵、清丽素雅或朦胧含蓄的风格，皆具有类似于人文艺术的美感与风格。

3. 黄花青花，各领风骚

"黄花"与"青花"之说是产地石友为了便于识别各类石品的质地、品位、价值而对于云锦石纷繁石色的形容和大致类分，并非严谨的科学分类用语。"黄花"自然是指显系列黄色的黄花云锦石群，"青花"自然是指除黄花、杂色云锦石之外的青花云锦石群。青色之所以能被中国人喜爱，同样可以在五行中找到思想根源，五行中青与木相对应，木有生的含义，所以青中蕴涵着生机、青春。青在四季中指的是春天，百草渐长、万物青葱，所以有青春的说法。青色给中国人带来了朝气蓬勃的美好感受，这也许是青花云锦石系列受到很多人青睐瞩目的色相之潜因。当然，青花云锦石与黄花云锦石的主要风格特色与审美价值是可予以比较辨识又各领风骚的。

其一，青花云锦石中个体较大较沉重者偏多，黄花云锦石中个体小巧玲珑者则比较丰富。罗马时期的西塞罗把美分成"秀美"和"威严"两种，并认为："我们可以看到，美有两种。一种美在于秀美，另一种美在于威严；我们必须把秀美看作是女性美，把威严看作是男性美。"借此一说，如果以人喻石的话，那么，因体量质量偏大者众，青花云锦石就好比是高大魁梧的伟丈夫，而因石体石形偏小者众，黄花云锦石则好比是姣好文秀的小女子。相比之下，青花云锦石群具有粗犷大派的阳刚之美，黄花云锦石群则显出一种精细奇巧的阴柔之美。在自然界和社会生活中，阳刚之美与阴柔之美各尽其妙，异彩纷呈，摇曳多变，可使人得到不同的美感与乐趣。

我国古典美学对于阳刚之美与阴柔之美早有精深之说。首先是在道家看来，柔能克刚，刚不能克柔，应以柔为本。故老子曰："上善若水，水善利万物而不争，处众人之所恶，故几于道。""人之生也柔弱，其死也坚强。万物草木之生也柔脆，其死也枯槁。故坚强者死之徒，柔弱者生之徒"、"柔弱胜刚强"。老子的哲学崇尚阴性的一面，如玄牝、雌伏、虚空、柔弱、静笃、恬淡、无为、不争、抱朴、守拙、绝圣、弃智等。老子极力推崇水、母性、婴儿的美德，用以比之道的伟大，偏重"虚柔为本，阴柔为用"，处处闪烁着阴柔美的光辉。

《易传》从我国古代阴阳说出发认为："地道之美贵在阴与柔，天道之美贵在阳与刚"、"刚柔者，立本者也"，从而形成了中国古典美学阴柔与阳刚两大美学基本类型。所谓"阳刚之美"以遒劲、雄浑、豪迈、壮烈、宏毅为主体，属于崇高壮美的范畴，能引起人的崇高、振奋、恐惧等情感。以音乐而论，如古代的打击乐器编钟、编磬、铜鼓等，其造型多显敦实，而演奏出庄重宏美的钟鼓之乐可使人感到阳刚之美。两千四百年前铸就成的曾侯乙巨型编钟将这种阳刚之美发挥到极致，成为人类音乐史上空前绝后的奇迹。"阴柔之美"以温润、清丽、幽雅、寂寥、惋抑为特色，表现为隽永、娇柔、缠绵、绮丽等艺术风格。如宋词婉约派词人中，有李煜《相见欢》的"无言独上西楼，月如钩。寂寞梧桐，深院锁清秋。"柳永《雨霖铃》的"今宵酒醒何处？杨柳岸，晓风残月"。李清照的"寻寻觅觅，冷冷清清，凄凄惨惨戚戚"、"帘卷西风，人比黄花瘦"等丽词佳句，不胜枚举。

在中国人的头脑中，无论是空间意识还是时间意识，皆由阴阳观念构成，似乎离开了阴阳就无法理解和表达自然与社会人生。云锦石的黄花石群呈阴柔之美与云锦石的青花石群呈阳刚之美是审美主体对于二者客观存在的形态、色调、风格特征差异予以审美观照的结果。

云锦石这种集阴柔之美与阳刚之美于同一石种之中所形成的中庸、中和境界正好符合道家哲学规律和古典美学精神。中和的内涵与实质就是阴阳对立统一,相反相成,达到"阴阳之和"。正如清代桐城派代表姚鼐在《惜抱轩文集》中所论:"且夫阴阳刚柔,其本二端,造物者糅,而气有多寡进绌,则品次亿万,以至于不可穷,万物生焉。故曰:'一阴一阳之为道。'夫文之多变,亦若是已!糅而偏胜可也;偏胜之极,一有一绝无,与夫刚不足为刚,柔不足为柔者,皆不可以言文。"显然,刚柔生万物,万物本刚柔,刚柔并济才是最美的艺术境界。品味文学艺术应如此,而赏鉴奇石作品当亦然。

"天行健,君子以自强不息;地势坤,君子以厚德载物。"早在《周易》中,古人就已经阐明真正的君子既要有自强的阳刚之气,也要有厚德的阴柔之美。刚柔并济,让阳刚与阴柔擦出火花,才能赢得世间最美状态。云锦石阴柔与阳刚风格的艺术境界各有千秋。阴柔之美意象格局小巧,和谐完美;阳刚之美意象宏大开阔,非同凡俗。我们通过收藏鉴赏具有阳刚之美与阴柔之美合二为一的云锦石,自然也有益于培育自身刚柔兼备的心性素养,尽享奇石文化的餐霞漱瀣。须知,刚柔相济,才是人生应有的节奏;大型青花云锦石"天马行空"(26cm×36cm×21cm)堪称青花云锦石突显阳刚之美的典范:"石呈半梨形,巍然屹立,通体青绿,色泽迷人;石质刚健,曲面妖娆;周身云海,气势恢宏;半壁层纹,九重霄壤;主图天马,赫然居中,耳似刀削,目如星烁,鬃毛猎猎,四蹄踏云,任意腾飞,睥睨环宇,神韵超然。"此石恰为迎马年之际所获,堪称青花云锦石之极品。当然,青花云锦石在整体性呈阳刚之气、雄健之风前提下,其中也不乏精雅清秀之品,透出些阴柔之气,即使是石体伟岸而形意皆美妙者也常有。

其二,青花云锦石石肤砺腻相兼,肌理缜密,黄花云锦石石表精微细致,品相清雅;"青花"大多为浅浮雕全包型,"黄花"则多为中、深浮雕、镂雕等间花型。由于这种客观上的差异,使得青花云锦石中多产出抽象石,石表以神雕魔刻般精美图纹而取胜,其石质石性也如玉石般令人心迷目眩;使得黄花云锦石不仅较多产出具象石,还有千奇百怪的抽象石,似牙雕骨刻般令人眼花缭乱。青花云锦石中虽然少见毕妙毕肖的具象石,但因其形体庄重沉稳,纹饰迷幻,古色古香,意浓韵深,颇似一尊尊刚出土的古代青铜器,散发出夏鼎商彝般的神秘美与狰狞美;青花具象石也多为大写意,或人影或物象,其形态彰显出粗犷肃穆的风格与生机勃然的气势。青铜器与各种雕塑都属于触觉艺术之列,云锦石表的天然浮雕图纹与青铜器上的种种纹饰似乎有异曲同工之妙。当人们欣赏类似青铜器的天雕云锦石时,也仿佛感受到庄重、沉稳、浑厚的心境,也获得类似青铜器强烈的历史文化厚重感与满足感。为数不少的青花云锦石的花纹层砺腻相兼,质感清润,在阳光或灯光下能反射出古铜器或瓷釉的光泽,令人赏心悦目,怡然沉醉。

其三,青花云锦石花纹层的硬度、质地及抗风化能力胜于黄花云锦石。通过对云锦石的初步物化检测,无论青花云锦石,还是黄花云锦石,其石心皆坚润如玉,花纹层的摩氏硬度为3~5.5度(大致相当于端石3.5、歙石4的硬度)。相对而言,青花云锦石花纹层硬度高于黄花云锦石花纹层的硬度,具有较强的抗冲压能力以及抗风化能力。加之青花云锦石似乎拥有饱经沧桑的老成、沉稳内敛的刚毅与炉火纯青的醇厚,因此,不少石友颇偏爱青花云锦石,以为其观赏价值与收藏价值更高,更能经得起悠悠岁月的严峻考验而可传世久远,千古流韵。

第七章　中国云锦石自然美的表现形式(三)

一、形妙神绝的具象美

(一)具象美与具象石

《观赏石鉴评标准》中"4.1造型石类"规定:"造型石以各种奇特造型为其主要特征,具有立体形态美,大多是在各种外力地质作用下形成的。由于产出地质背景的不同,造型石往往表现出鲜明的地域特色。"具体而言,造型石是指三维立体的、可体现雕塑艺术感的观赏石,包括以拟人状物为主的具象石,以艺术造型为主的抽象石,以及以瘦、绉、漏、透为审美特征的湖石类传统赏石。云锦石是既能体现雕塑艺术感,又具有具象美和抽象美,且符合传统赏石形态特征与韵味的造型石。

具象是感觉属性的产物,泛指表现具体的物象,即现实生活或大自然中具体存在的物象。所谓奇石的具象美是指以外部实相存在为媒介而引起人们审美观照与情感愉悦的自然美。根据传统奇石鉴赏经验,审美主体自然将客体石象与现实生活中的相关世象加以比照,如与世象相符或相似之奇石则概称之为具象石,也称为象形石。

悠悠数千年的中华赏石文化传统不仅对湖石类具"瘦、绉、漏、透"特征的抽象审美十分偏爱,同时也对鉴赏千姿百态的具象石青睐有加。如清代《聊斋志异》的作者蒲松龄对自己所收藏的十方形神夺目的具象石视为至爱,称为"十友"。为咏天斧之奇工,扬神镂之绝技,蒲翁还挥毫题诗:

> 石隐园中远心亭,门对青山四五层。
> 凤翔双鹰飞禽样,九象豚豕走兽形。
> 太仆垂云生得好,菡萏月窟最朦胧。
> 宋朝魁星石灵璧,万世名传十友名。

在当代收藏观赏石的实践中,可以说,绝大多数石友都喜好具象石,也具有从茫茫石海中发现、品鉴具象石的审美能力。世界上大多数文化中,人们对于在偶然性形状中发现所熟悉的形象之好奇心并不次于对艺术作品的关注。当旅游者看见动物形状的山石恰巧与熟悉的事物惊人相似时,也会兴趣盎然地欣赏且津津乐道之。莎士比亚的《安特尼与克娄巴特拉》剧中就有一段类似于中国人对于"白衣苍狗"的描写:

> 我们有时看一片云像一条龙,
> 一团蒸汽像一头熊或一头狮子,
> 像一个有塔楼的城堡,
> 一块悬空的巨石,

或峰峦叠起的山，
或是蓝色的海湾，
上面有树，向世界点头致意，
它们和空气一样嘲弄我们的眼睛
……

上述"云中的形象"，即由动态的云所变幻而成的各种具象，其形状本身并没有意义，它们的产生纯属于偶然，但由于人的本性倾向于模仿，便将这些云与现实中的事物形象联系了起来。《艺术与幻觉》的作者冈布里奇则将此类现象与一个著名的心理学实验"罗尔沙赫试验"加以比较，该实验是一种心理评价手段，视对象对墨渍图案的反应而分析其性格。实验结果的意义在于说明：人们释读墨迹、云象之类的偶然性的形状是以在它们中认知出储存在我们头脑中的事物或形象的能力为基础的。如将一片墨迹解释为一只蝴蝶或一只蝙蝠，则意味着一些知觉分类的活动特点：在大脑的归档系统中，我们将它归入见到过的或梦到过的蝴蝶一类中。这在心理学中被称为投射能力，它对于艺术家的创作构图具有十分重要的提示价值。

中国文化中有一种对于象形的偏好，如象形文化在生肖领域中至今具有长久而广泛的生命力。民间种种吉祥图案式的象形，几乎渗透到我们生活的一切领域，这是最具中国特色的审美趣味和思维范型。盛大庆典、重大节日以及祭祀、祈祷仪式、婚丧嫁娶，都有吉祥图案的出现，不管是宫廷王府，还是民宅茅舍都需要有吉祥图案点缀；传统建筑的墙壁、护栏、藻井、窗棂、瓦当等都能看到寓意丰富的装饰；日常用具、器皿、文房四宝、服装、鞋帽、玩具、面点等，处处留有吉祥图案的痕迹；甚至对于任何人的名字也有一套特别设计的、五彩斑斓的龙凤象形图案符号予以美化装饰，叫做"中国花鸟字"。象形吉祥图案已成为中华民族文化中无法忽视的一种艺术表现形式，它对书法、绘画、工艺品以及戏剧等其它艺术的创作都产生了一定的影响，甚至直接融会在某一种艺术形式之中。

中国人为何对于具象石那么情有独钟，且不惜代价狂热加以寻觅追求呢？除了具象石在自然界难以形成，显得格外稀少珍贵外，这主要源于我国传统的象形文化的深刻影响，进而可以说与古典美学的具象思维方式有关。思维方式既是人类认识能力的方法论原则，又是民族文化的自然宇宙观、历史传统、科学水准、哲学智慧、心理结构和理论体系的积淀。一个民族的思维方式一旦形成，就具有相对的独立性。喜爱欣赏具象石是中华民族传统文化精神的体现，人们通过具象石的欣赏，去领悟大自然的心境，以达到"天人合一，物我两忘"的境界。中国人灵魂深处的象形文化基因反映在奇石文化中便是对于具象石的浓烈兴趣与深度酷爱。

张天翼先生认为，"天人合一"哲学观念的内容和形式都充分地、本质地体现着人类依赖自然环境、社会环境而生存的自然本真状态，比其他造型美学体系表现得更深切、更直观。这些造型艺术形象是以被打破了的人类固有的自然生理形态，与"天"——环境交融、结合所产生的新人类形象。这就是把"人形"与"非人形"相结合，构成古人所谓的"象外之象"的艺术造型。这种把人物形象与非人的物象结合的造型手法，即转变某物的外在相貌的造型行为，被称之为"转相造型"。古代"转相"思维在造型艺术中的应用实例甚多，如"人首蛇身"的伏羲与女娲、"千手千眼"的观音菩萨、《山海经》插图中的"人面鱼身"、圆明园人身兽首十二生肖铜雕像等。庄周《齐物论》曰："昔者庄周梦为蝴蝶,栩栩然蝴蝶也,自喻适志与！不知周也。俄然觉,则蘧蘧然周也。不知周之梦为蝴蝶与,蝴蝶之梦为周与？周与蝴蝶,则必有分矣。此之谓物化。"这种假设人与蝶于梦中形体、身份互为转换的哲学思想,已属于转相思维的理论层面。"转相造型"的思维反映在奇石文化中便是人们对于具象石的普遍的习惯性偏好,一石当前,人们审美观照的首选目标总是对于具象形象的敏感联想与强烈兴趣。

具象思维就是具体而形象的思维,也就是严格意义上的形象思维。卢克谦先生认为,我国古典美学的具象思维方式,是指在美学理论构建的思维过程中,对审美对象进行具体的把握、形象的描述、整体性的表现,从而揭示出审美对象的美学特质和艺术作品的不同风格,以具体简洁的形象、比喻,象征自己的审美感受和鉴赏经验。

古典美学的具象思维方式根源于中国人重综合混沌、直觉感悟、形象实体的文化意识。具象思维即形象思维在中国古代文化的发展中起过特别重要的作用,最突出的事例就是汉字。汉字的起源和构成原则为"六书",即《汉书·艺文志》所说的"象形、象事、象义、象声、转注、假借"。汉语习惯于用直观、形象的方式来反映客观事物,用意象组合的方法使语言表述富于图像化,用联想、比附的方法来论述抽象的概念道理,这就是汉语的具象性特点。从汉字的造字法、汉语的复合词、汉语的语序以及表述方面可以看出汉语的具象性。汉语的具象性正是中国人传统的、具体的经验性思维方式的综合体现。

我国古典美学较多地依赖于以形象性为特征的文学艺术,由此形成了理论思维过程中的具象性方式,美只能在形象中显现,脱离形象和形式的抽象与形式的抽象的美是不存在的。如对女性美的描写,最具代表性的是卫风中的《硕人》："手如柔荑,肤如凝脂,领如蝤蛴,齿如瓠犀,螓首蛾眉。巧笑倩兮,美目盼兮。"寥寥28个字便为我们生动地再现了一个天生丽质、娇如弱柳的冰雪美人的芳容。

正是由于中国古典美学理论具象性思维方式等原因,才使得欣赏具象石成为我国传统审美意识之一。祖国各地的名山大川大都有为人津津乐道的具象山石,而且大都有一段玄妙绮丽、娓娓动听的传说故事符合中国人的审美心理。王朝闻先生在《黄山奇石》中对黄山那些诸如"猴子观海"、"天狗望月"等形态各异、栩栩如生的奇峰异石寄予了许多无限深情的美学猜想。广大奇石爱好者更是钟情于集藏各种状如动物、人物、器物等天然造型的奇石。在各类具象石中,人物具象石倍加受宠,这是因为这种奇石的出形率极低,尤其是形体完整、造型生动的人物具象石更是凤毛麟角。然而,不知何故,时下却出现一种对于具象石的误解,试图无端贬低具象石的审美价值,说甚么"赏玩具象石属于审美的低俗层次",其依凭的理论便是借用齐白石的"似与不似之间"之说,好像具象石如"太似了则俗",还无形中造成了凡喜爱具象石者似乎不高雅、缺乏文化素养的印象。

众所周知,奇石中的具象石异常宝贵,且具象度越高,具象美的元素越丰富,其审美价值就越高,尤以形态酷似逼真者为最,其主要原因在于具象石具有雅俗共赏性与珍稀性,人们对于具象石的收藏需求远大于供,客观上存在巨大的投资增值空间。从价值角度来分析,奇石具象度每多像一分,其价值则数倍、数十倍地呈几何式增长;从赏石的趣味审美与自然常识角度看,具象石当然是越似越好,不能把评价书画的一些观点完全套用到欣赏奇石上,因为二者是性质不能等同的文化活动。齐白石老人所说的"作画妙在似与不似之间,太似为媚俗,不似为欺世",其实是表达中国画的一种写意精神,"似"是来源于作画者对客观事物直观的表达,"不似"则是因为加入了创作者自身的艺术情感所体现的创造性。一幅书画作品,也许要讲求其"妙在似与不似之间,不像为欺世,太像为媚俗",但在奇石上,就是要讲求越像越好、越逼真越妙。陈慧明先生关于奇石具象度的说法颇为中肯:"奇石是大自然造成的,要找到一块非常像什么的实属不易,非常之难。但也不能认为不太像的好,而应该是越像越好!"显然,妙造自然的奇石,其具象度越高,其审美价值和经济价值就越高。

奇石是不受人的意志支配而浑然天成的,它在形成的运动历程中会受到自然界的各种外营力与内营力直接或间接的干预作用,还有许多人为的变数施加影响,故不可能在动态中达到理想的自然平衡状态。也就是它形成的机会甚微,难度极大,奇石具有一般具象的雏形尚且不容易出现,而成为名副其实的具象石更困难。因此,若要天公任意造就出人主观意愿所期待的,又恰好其形态极相似于自然物或人造物的石品,只不过是痴人的白日梦罢了,故在世上所有奇石品种中,出现具象石的几率只能是微乎其微。据专家统计与估算:要从玛瑙石材中发现天然玛瑙画面石,平均每500t玛瑙切片中才能发现一块精品画面石,数千吨玛瑙石中才能发现一件极品具象画面石;若要在某石种中发现一方具象度较高的圆雕具象石,其可能的几率最高估计只能达到百万分之一左右,很难再高了。这里的"高"实则是几十万分之一、万分之一、千分之一……即使偶尔发现一个,也只能与世象相当相似或大致相似,即在似与不似之间,不可能有与世象惟妙惟肖者或完全一模一样者。较为完美理想的具象石是可遇而不可求的,孜孜以求多无法如愿,而无意邂逅或可得之一二。奇石作为自然随意雕造的天然作品,不可能面面俱到地造就,一块精美的具象石本身就是自然造化的微概率事件,当"踏破铁鞋无觅处,得来全不费工夫"而获得它,那不仅是缘属天定,而是幸运之神特别眷顾。

(二)云锦石形妙神绝的具象美

被誉为天然雕塑的中国云锦石千姿百态、形神兼备,是别具一格、出类拔萃的造型石。云锦石具有人为雕塑造型艺术的主要审美特征,即直观具象性、瞬间永恒性及凝聚的形式美。相比之下,云锦石的具象石比其他任何石种具象石的数量多得多,具象石的具象度、相似度与精美度也更为突出强烈得多,可直接诉诸于人们的视觉感官,满足人们的好奇心与占有欲,具有形妙神绝的具象美。

1. 具象频显,几率超群

也许因为云锦石的形成是在清江河漫滩地下一个较为稳定、封闭的水蚀强烈的环境中,经过千百万年大自然伟力的精雕细刻所造就而成,故而在如此众多的云锦石天然雕品中必然会增大出现具象石的可能性。在云锦石丰产时期的主埋藏点开采作业区内,几乎每隔数十日便有具象石惊人的出土发现,以至于随之成为石友们相互传扬、津津乐道的话题。石友斋中差不多人人皆有引以为傲的具象云锦石藏品。孙先生不过一普通藏石户,也拥有二十几枚具象云锦石,其中有颇似鹰、鸳、鹅、兔、蛙、龟、驼、牛、羊、马、鱼、象、虎、狮、鹿、猴、犬等以及人物形象。令人百思不得其解的是,不知何故所致,云锦石中的龟形具象石出现异常多且形态奇,不少石友都收藏有形态各异、情趣生动的云锦石具象龟。其中,李先生收藏的"金龟渡海"称得上是龟形具象云锦石极品。那赭黄色的石壳宛如千年神龟坚实的龟甲,龟甲已被溶蚀镂空,乳白色的石心与龟壳剥离,形如龟颈状,修长且可自由伸缩,其大端卡于壳内不得出,小端酷似龟首恰好伸出壳外。此石活脱脱像一蹈海踏浪的神龟,正朝向遥远的彼岸,昂首勇往直前畅游而去,其无视畏途的飒爽雄姿与执着精神展露无余。此外,还有恰似观音、佛祖等各类仙家人物形象,以及颇似鸟形、似犬形、似马形、似塔形、罐形之类的具象石也多频频出现,总不时地让人们匪夷所思,瞠目结舌,惊喜连连,兴味盎然。

2. 高具象度,反常悖理

由于云锦石在其形成中处于地下稳定静态的水蚀环境,拥有一个极为缓慢的"挖雕"与"堆塑"过程,所以才有可能让云锦石原石不断地自由自在地变形成坯、生长成型,使石表上自然镌刻、产生十分细致精美的云气云水纹饰,终而发生剧烈蜕变,整体塑造出千奇百怪、美不胜收的生动艺术形象。大自然中绝大多数观赏石种皆可形成少量具象石,但这些具象石形态的形成是地表的动态水包括江、河、湖、海在流动时,尤其是在洪水暴涨横流时对山体破碎岩石所进行的冲撞搬运这种外营力的作用下而完成。在自然界各种暴力逞威下,风中难以燃烛,覆巢何以完卵。可以想象,在如此广阔的自然背景与漫长的时间长河里,处于剧烈动荡的"天工开物"流程中,绝大多数石块除了只能无奈地接受被粉身碎骨或被改造为浑圆卵石的命运外,怎么可能于大浪淘沙的洪流中被造就成量大而精巧的具象石?

具象云锦石出土时不仅完好如初生之卵,鲜亮可人,精美绝伦,而且其形态具象度之高实在出奇得离谱,有的甚至达到违背自然常规正理而令人难以置信的逼真程度。不少精绝石品不仅整体具象与自然物象形貌酷似,而且局部的细节也完备得令人生疑,奇妙得十分蹊跷,以至于人们在惊异欣喜中总有些狐疑迷惑,仿佛隐隐感觉到似有某种神灵的意志与无形的巨手在施加魔力一般。不然,为何这些偶然天造的具象雕塑竟那样惟妙惟肖、生机盎然? 那般精细至极、近乎完美的程度? 请细细观赏准圆雕具象云锦石"观音智降红孩儿"吧,它那由仙山、重云、观世音与红孩儿形象巧妙组合而成的立体图景,使人立刻联想起《西游记》第四十至四十二回的神话故事。图纹精美无瑕,构成奇绝巧妙,人物形象逼真,情节意境生动;红孩儿俯身颔首,双髻如丫,呈似已归顺诚服状;尤其是观音的形象是那样慈悲大度,和蔼可亲。足踏镂雕层云,剪影轮廓分明,衣褶楚楚,右袖飘舞,大有"吴带当风"之感。若非亲眼目睹,亲手反复触摸,真真切切加以确认非虚,谁都有理由怀疑此石是妙造天成之物,只能判定为人间大匠精雕细刻的天才艺术杰作。这一天然雕塑令人难以置信的高具象度与无可挑剔的完美,简直进入了神乎其神的绝妙境界。据说智慧生命产生的概率与一只猴子在打字机上胡乱敲打出一首莎士比亚十四行诗的概率大致相同。可以想象,大自然奇迹般地创造出"观音智降红孩儿"如此奇绝罕见的具象云锦石,也许其概率恐怕与一百万只猴子用计算机胡乱敲打出集 43 863 首的《全唐诗》的概率差不多吧。

3. 品类纷繁,琳琅满目

云锦石中常见的具象石造型有人物、动物、物品、景象等类别,可谓无奇不有,琳琅满目。人物有如坐佛、舞姬、武士、翁仲、汉俑、小丑者。还有"清照采莲",仿如一古代高髻华服的仕女乘坐蚱蜢小舟,正穿行于荷塘蓬实中;"海燕之歌"竟是完整、标准的一座纪念文豪高尔基的艺术雕塑胸像,其轮廓逼真,形态生动,耳目俱现,八字翘胡的特征十分突出,实为点睛之笔;"黑人小子"活脱脱一个毫发楚楚、眉目清秀、活泼调皮的非洲儿童头像,似可令人想到大歌星杰克逊的童年;"一代名伶",俨然一位中国京剧坤角的模特,韵律状的花纹组成她的满头青丝发结,粉面如雪,耳坠似摇,现一副"未成曲调先有情"之仙姿风韵;动物有如狮、象、驼、熊、龟、蛙、鸳、鹤及生肖属相者。还有

"毕加索之鸽",形如毕加索为联合国所画和平鸽的雕塑版,头颈分明,羽丰翼满,活力四射,栩栩如生;"严阵以待",极似一庞然巨蟒昂首曲身警备迎敌状,凛然不可侵犯丝毫;"威镇一方",如一头雄狮或猛虎立于峭壁之巅,环视脚下领地呈啸鸣扬威状;物品有如楼宇、佛塔、舟车、礼器、烟缸、茗壶等,还有"人寿年丰"(自带鱼形花盘的寿桃)、"洪钟万钧"(蒜钮巨钟状具象石)等;景象有如天涯海角、湖光山色、小桥流水、海市蜃楼、彩云追月、疏梅丛菊等。

4. 形妙神绝,魅力无限

云锦原石是形成于数亿万斯年之久的沉积岩或变质岩,历经沧海桑田的轮回,幸被伟大的上帝雕刻家加以天才创造,神雕魔刻,化腐朽为神奇,"妙极生知,睿哲惟宰。精理为文,秀气成采",其中一部分竟奇迹般地魔变成一件件形妙神绝的具象云锦石精品,其观赏要素高度突显典型特征,让人产生丰富的审美联想,赋予其无限的艺术魅力与永恒的生命活力。

D君的藏品"万古云霄一羽毛"为一圆雕人物具象云锦石。从全方位看,其形姿风度均酷似武侯祠孔明的座像。面相肃穆,道貌岸然;褶袍赭黄,道巾巍峨;其虚怀若谷之貌,鞠躬尽瘁之态生动毕现。观赏者一眼视之,则联想的思绪便飞越千古,立刻辨别出此具象石人物艺术形象似为谁何,于是在半信半疑的欣喜中,啧啧惊呼大奇,且情不自禁地吟起杜工部《蜀相》的史诗佳句来:

丞相祠堂何处寻,锦官城外柏森森。

映阶碧草自春色,隔叶黄鹂空好音。

三顾频烦天下计,两朝开济老臣心。

出师未捷身先死,长使英雄泪满襟!

"志在千里"是一方奇巧无比的动物具象云锦石。石形酷似一匹铜骨铮铮的千里马,虽说马身马首不如真马符合比例,但马身、前后肢、马尾皆齐备无缺,肢体各部分界限分明,形态生动,恰如现代世界上风行的袖珍马。马身马首均为深浮雕,线雕镂刻自然灵动,饰满石面;马鼻及上下马唇形态分明,似有气息喷出;此石马令人惊异之处在于那硕大完美、栩栩如生的马首:一蓬猎猎马鬃覆盖额头,如迎风飘舞状,潇洒酷极;从右侧视,尤其是那傲然突起的颧骨与额骨之间,恰到好处地长出圆鼓鼓的眼,且眸子中似乎充满了驰骋四野、追风赶月的老骥之志!凝神鉴赏此石,令人自然联想起徐悲鸿大师笔下筋瘦雄骨、精神抖擞的奔马,想到唐朝六骏那神采骏逸、潇洒昂扬、奋蹄驰骋、气势如虹的雄姿,仿佛耳闻一代枭雄曹操那首以老骥自比、豪情云涌的《龟虽寿》诗句,正高亢地从1700年前"东临碣石,以观沧海"的涛声中回音传响而来:

"神龟虽寿,犹有竟时。腾蛇乘雾,终为土灰。老骥伏枥,志在千里;烈士暮年,壮心不已。盈缩之期,不但在天;养怡之福,可得永年。幸甚至哉!歌以咏志。"

二、意蕴奇幻的抽象美

(一)抽象审美与抽象艺术

抽象一词原义指人类对事物非本质因素的舍弃与对本质因素的抽取。抽象是人类不可缺少的生命方式与视觉方式。康德说,没有抽象的视觉谓之盲,没有视觉形象的抽象谓之空。人类对于抽象的感觉是与生俱来的,抽象审美和抽象艺术创造是人类的天赋。"抽象奇石"之谓也许借鉴于"抽象艺术",是对奇石表象特征的艺术性描述。抽象艺术、抽象奇石皆属于抽象审美的范畴,抽象审美已成为世界和中国当代艺术的一种取向。如抽象画是20世纪艺术表现的主流,它是人类寻求自由、真实与纯粹精神的视觉表征。

具象艺术是指艺术形象与自然对象基本相似或极为相似的艺术,抽象艺术则是指艺术形象较大程度偏离或完全抛弃自然对象外观的艺术。抽象性是指在似与不似之间找到一种语言表达方式,用抽象的形态来暗示或表达作者的思想或情感。艺术家抽取纯形式因素和媒介因素,直接构成作品,来造成视觉上的愉悦感,形成一种抽象的形式美。抽象艺术的形式性和纯粹性构成了这种艺术形态的全部内容,由此从本体论上把原先支撑艺术的意识形态基础完全清除出去,取而代之的是确立了艺术语言的本体论地位。

德国哲学家W·沃林格认为,在艺术创造中,由对世界的混沌直觉和对空间的恐惧心理所萌发的抽象冲动是导致艺术上的抽象形式的心理根源,也是艺术创造活动最深刻的内在动因。这种空间恐惧感在艺术创作上即表现为用平面抑制空间,从混沌的感性世界中抽取出单个形象,割断它们与空间中其他事物的联系。纯粹抽象的艺术追求审美的空间是静态的,但时间形式必然是动态的,故需要彻底消除画面的空间感,因为人对空间的恐惧就是最原始的恐惧。人有寻求安宁的需要,纯粹抽象要为人们远离此岸,描述彼岸的神秘和宁静,使人们获得心灵的慰籍和灵魂的安宁。抽象的东西反而能给人提供一个更大的心理补偿空间,让人按照自己对美的追求来领会和完善。抽象的成分越大,它的包容量就越大。抽象艺术把我们从有限的、表面的物象视觉中解放出来,把人的视觉思维能力推向无限广阔的领域,其影响力远远超出了艺术本身。

在中国5000年的历史长河中,抽象符号、抽象元素、抽象审美比比皆是,美术史上很多艺术品、工艺品都是由于抽象审美所引发的抽象艺术。一些原始艺术品和大部分工艺美术作品以及书法、建筑等艺术样式,就其形象与自然对象的偏离特征来说应属于抽象艺术。从甲骨文开始的中国文字和书法、篆刻,自然是最具有中华民族文化特征的抽象元素。中国画的笔墨自身审美价值也是一种抽象美,用笔的轻重疾缓、用墨的浓淡干湿形成不同的节奏韵律,能给人以不同的情绪感染。还有彩陶几何图案、青铜钟鼎花纹、漆画线型、唐三彩、京剧脸谱、剪纸、皮影、假山石、大理石画、窗格子、织锦图案等,都是抽象美在艺术欣赏与工艺品方面的生动体现。

战国漆器如曾侯乙棺椁上神奇的漆画纹样,与现代抽象绘画极为相似,说明古人的艺术抽象能力达到了很高的水平;商周时代的青铜器装饰纹样造型挺拔、结构严密,运用了以圆易方、方中寓圆的造型语言,形成了我国装饰艺术中典型的用线形式规律;兴起于盛唐的三彩陶器,由于釉料以铅为溶剂,降低了釉的烧制温度,各种以金属为着色剂的彩釉具有流动性,绿色和蓝色的着色剂与流动性较弱的褐黄、赭、白等色交错地互相晕散渗透,构成聚散有致、斑斓焕发的色彩效果;宋代"冰裂纹"开片瓷器,其裂纹本来是陶瓷烧制中偶然出现的一个缺陷,古人利用这种抽象图纹,创造了世界上独一无二的艺术杰作;太极八卦图从视觉上来说,既具有蒙得里安为代表的当代冷抽象画的全部细节特征,也概括了康定斯基为代表的热抽象画的互为穿插兼容的风格。太极八卦图所隐含的抽象形式和意味,为人类创造了中国抽象文化的视觉经典。

杨晨光先生论述具象与抽象的关系时说，具象的形中隐藏着抽象的因素，抽象的形中也有与具象形的巧合。不管是在自然界还是在艺术作品中，抽象和具象会随着距离的远近产生相互的转变。生活中一些抽象形酷似现实世界的具象形，使我们加以想象而把它们看作是现实的具象形，如菊花石就是因为花纹特别像菊花而得名；树根的形本来是天然的抽象状态，但人们根据它的形状加以想象，然后略微进行加工，使之成为艺术的具象形或半具象形，这也说明树根在加工前就已经具备了某些具象性特征。

中国的《易经》文化、阴阳学说和老子的"大象无形"观是中国人最早具有抽象意味的审美理论。《老子》曰："大音希声，大象无形。"所谓"大音"，是指宇宙的原音。唐代成玄英解释说："希，犹无也。至道大音，寂乎无声，自本降迹，而声无声也。故师旷听之而不闻，环音震宇宙，欲明即迹即本，故言大音希声也。"所谓"大象"，是指天地的本体。成玄英解释说："大道之象，象而无形，无形而形无形也，离朱视之，莫见其形也。色象遍乎虚空，欲明即有而无，故曰大象无形也。"

（二）抽象美与抽象石

所谓抽象美，是指不反映具体物象轮廓或不产生关于特定、具体的物象联想的抽象形式给予人的美感，抽象美来自于人的主观意识对事物一种超常的精神追求与感受。艺术大师吴冠中指出："抽象美是形式美的核心，人们对形式美和抽象美的喜爱是本能的。我小时候玩过一种万花筒，那千变万化的彩色结晶纯系抽象美。彩陶及钟鼎上杰出的纹样，更是人类童年创造抽象美才能的有力例证。"

抽象石是指那些呈现的物象和形象较大程度偏离客观对象外观的奇石。奇石纯属浑然天成，本不存在人为抽象问题，但是它从形体、纹理的自然形态上产生相似于抽象艺术的形式美，人们就把它称为抽象石。抽象石从形纹的点、线、面变化上，呈现出节奏、秩序、韵律、运动的效果，虽没有构成可直接识别的物象画面与形体，但是具有由奇石观赏要素的变化所构成的整体的美学特征。这些石品不仅质地、形状、色彩、纹理、光泽无可挑剔，而且其点、线、面的组合结构颇符合艺术辩证法，仿佛是人有审美意图而为之。其实，它们纯系地质上的物理化学作用偶然形成的。

抽象石之美体现在：平面图纹石是以石面的线条、纹理和色彩变化形成各类构图；立体造型石是以其本身形态通过点、线、面有机组合形成各类造型。两者分别具有类绘画以及类雕塑的艺术表现形式，都存在着似像非像的共性。既然如此，抽象石怎能引起美感呢？原来，抽象不是绝对的。一部分抽象石的抽象中总有一点形象因素。这一因素可引起观赏者丰富的联想、想象、幻想，这就使得抽象石变幻出大量的审美意象来，观赏者就从中获得无穷的乐趣和美感享受；一部分抽象石却毫无具象的影子，纯粹靠点、线、面、色的组合，而以自然随意的形式形态，能够引起人们极大的兴趣与美感，表现出令人难以置信的审美特征。可见，抽象石是更具有哲理色彩和艺术意境的奇石，鉴赏抽象石应注重视觉体验，注重形式美的法则，注重自然美的表现力，更注重突破现实束缚的想象与创造。

天然偶成的太湖石是抽象石的代表，其特点是以点状的穴洞（透）、波状的皱纹（绉）和凹陷的肌理（瘦），以及杯状的窝洼（漏）构成不规则的充满生命律动感的造型，那玲珑剔透、变化莫测的美就是一种莫以名状的抽象美，俨然是一件件妙造天成的抽象雕塑。在古代，它可以象征贫贱不移的耿介拔俗之士的审美形象；在今天，它仍然以充满生命活力与天然灵气而为人们喜爱。正如吴冠中先生所说："假山石有的玲珑剔透，有的气势磅礴，有平易近人之情，有光怪陆离之状。这也属抽象美。"宋代以来,以瘦、绉、漏、透为审美理念的太湖石等假山石盛而不衰,是因为其抽象美可以更好的表现人的内心世界,可以唤起种种有关生命、风骨、气韵、运动的联想,令人兴味无穷,百看不厌,产生许多创造性的意象。

雨花石的色彩呈象丰富,既有随类赋彩、状物成象的具象,又有表现物象的质感、量感、张力和神韵的抽象。雨花石以其坚贞的质地,浑然天成、千变万化的线条和绚丽斑斓的色彩,展示出独具魅力的抽象美。王朝闻先生说:"雨花石是抽象艺术的始祖。"这话有一定的道理。《山海经》中称它为"帝台之石"。可见在原始社会,雨花石的抽象美已受到崇拜与热爱了。

(三) 云锦石意蕴奇幻的抽象美

1. 雕云琢锦,天艺符号

形态的本质特征是我们从事物的整体感受中得到的意象,没有意象的抽象是空洞的,感性基础是抽象表现的灵魂。造型艺术中的抽象不是盲目的形式游戏,而是一种思索的姿态,对形态内在生命活力的感悟与思考贯穿于造形的始终。就本质而言,艺术就是一种表现自我生存感受的符号体系。抽象的最终目的是得到远离物象的符号,即具有多解性、音乐性和不确定性的符号。现借助艺术品从形态到符号的转换中,审美主体对形态内在生命活力的感悟与思考贯穿于造形的抽象思维过程,来理解中国云锦石的抽象美。中国云锦石的抽象美是泛指那些形态表征难以比拟或没有可比拟世象的云锦石,仅由其本体具有的自然物质的点、线、面、色任意组合而构成的符号形态所显现的形式美、自然美。

抽象审美是人类固有的潜质,它与具象审美处于思维的平行区域。具象与抽象之间并无绝对的界限,因为它们的天然造型原本就是一种非描摹性的类似物象。由于视觉语言的相对性,不管是在自然界还是在艺术作品中,抽象和具象会随着距离的远近产生相互的转变。前文在鉴赏云锦石的结构美、天雕美、图纹美、曲线美、色泽美的同时,自然而然对于云锦石抽象美的表征已多有描述和赏析。其中,特别强调了云锦石之美的核心构成要素,即那些浮雕状云气纹、云水纹、花样花结等图案的意义,实际上它们已成为云锦石石种的标志性审美符号。对于这些酷似汉代流行的云纹装饰,可体现云锦石天雕美、抽象美的自然符号,江柳先生以点睛之笔妙评为:"雕云琢锦,鬼斧神工。"

原苏联美学家鲍列夫认为:"符号即含有语义信息的信号,是对另一事物有关系并指示和称谓后者的事物。"符号学把符号分为三种,其中"图像符号"是指符号与所体现的对象之间是直接模仿或相似的关系。

艺术的符号性是指艺术门类必须以符号形式去呈现的特性。各门类艺术都以自己独特的艺术符号体系去表达审美意义和表现人类情感。艺术审美就是审美主体对这些艺术符号的破译和转化的审美心理过程。自然符号就是自然事物的表象形式。有些自然符号也可以表现出艺术性而转化为艺术符号。以自然符号构成的艺术形象具有直观性,自然符号构筑的艺术符号体系是对实在事物的模拟,能引起欣赏者的相似联想。通过艺术符号与自然符号的相似性,就沟通了生活经验和审美体验。自然语言符号美是奇石最基本的特征。正是那些原始的无意识的自然语言符号的形式美,才引发了慧眼独具的古人之好奇心和爱美之心,并将其从实用功能中分离出来成为单独的审美对象。所以,没有自然的语言符号美就没有奇石美,因为自然语言符号是人们在自然艺术审美活动中赖以形成艺术形象和构图的最基本的要素。

云锦石上的天然云纹符号与人文云纹符号存在着相似的关系,故应属于典型的图像符号。云锦石审美的特殊价值在于云锦石具有的天雕云纹等自然符号已成为抽象的类艺术符号,即"天然艺术"符号,其审美功能与审美价值则可视为相当于人为艺术符号。自然艺术的符号式图案图像,有的像人为设计的艺术图标,有的像人类的传统图腾,显得大方庄丽而神秘,简约而不简单,具有强力的视觉聚焦作用和审美功能。云锦石上的雕云琢锦与大自然中雪花、彩虹、豹纹、蜂窝、蝶纹、叶形等几何图案图形均为自然符号,但其中所蕴含的抽象性与抽象美是大致类同的,而它们与国画艺术中那些艺术家所创造的程式化表现方式和语言,如十八描、十六皴等艺术符号所具有的抽象性与抽象美又是气韵相通相似的,二者所具有的艺术性与审美价值也是不分伯仲、可相互媲美的。

英国美术批评家克莱夫·贝尔认为,艺术的本体是"有意味的形式",他进一步解释说:"在各个不同的作品中,线条、色彩以某种特殊方式组成某种形式或形式间的关系,激起我们的审美感情。这些线色的关系和组合,这些审美的感人形式我称之为有意味的形式。"从中西美学的比较看,贝尔的"有意味的形式"就是指传统美学上讲的只可意会不可言传的景外之景,象外之象,韵外之韵。美学家蒋孔阳在论述抽象性对于审美欣赏的重要性时指出:"单纯的物质,如一块石头,能引起什么美感呢?如果把石头加以雕刻、镂空,使石头不仅是石头,而且表现了某种抽象的意蕴,这时,石头就将变得美了。"那么,大自然的巧思伟力把云锦石造就成神奇的天然雕塑,竟然如此酷似人为的雕塑艺术品,表现出丰富的艺术性,即相当于赋予其"有意味的形式"、"某种抽象的意蕴",也就自然使云锦石变得美了。

既然云锦石获得了天然雕塑的形态,既然种种诡奇瑰丽的雕云琢锦装饰了云锦石,既然重重神秘吉祥的云气纹、云水纹等类艺术符号为云锦石披满了奇光异彩,那么云锦石就自然地拥有了艺术性与艺术美。天雕之功不仅造就了云锦石神形兼备的具象美,赐予了云锦石诡异瑰丽的纹饰美,而且还给抽象云锦石以及云锦石这一石种赋予了意蕴奇幻的抽象美。云锦石上的雕云琢锦原本是自然妙造的抽象自然艺术符号,古代云锦上的云纹图案本身就是古人从自然云彩的形态中提炼出来并经历了千百年的演变而完善的抽象艺术符号。现云锦石上的云纹符号所组成的图案巧然与云锦上的云纹符号的形态表征与艺术韵味形同神似、如出一辙,也就是说云锦石上的自然艺术符号与古人创造的云气云水纹艺术符号达到了奇迹般的形韵如一,二者皆同属于抽象艺术符号,仅一为天赐,一为人艺之别。

2. 林林总总,形形色色

李清斋先生认为,对于奇石的抽象美,人们通常是能够从中感觉到美的愉悦,美的存在,但又是人们常说的"无可名状、无可称道"、"只能意会、不能言传"的美。大体上,常见的抽象美奇石有:"具有晶莹剔透审美特征的矿物晶体石,色彩斑斓或对比强烈的彩石,多样统一的结构石,具有皱、瘦、透、漏审美特征的太湖石或类太湖石,石质细腻、石表光亮润泽、色彩古朴典雅的水冲石,具有几何图案美特征的图案石,类抽象派绘画石,类抽象派雕塑石,等等。"

众所周知,以太湖石为代表的四大名石历来被人们视作园林抽象雕塑,广西红水河的一种水冲石因可与英国雕塑家摩尔的作品媲美,皆是被看成天然抽象雕塑艺术品,而以纹色见长的雨花石也是重在抽象美欣赏。至于云锦石所具有的抽象性与抽象美就更加凸显而神奇。根据抽象石的一般概念和云锦石的自身特性,我们可以大致从那些非具象云锦石中,辨识属于抽象美的石品,或者说将其视为抽象云锦石并鉴赏收藏。原则上似乎可以认为,凡是形状入眼、质地上乘、结构和谐的非具象云锦石,又以形、线、色、节奏、韵律等因子组合而成的形形色色抽象美的石品,皆可视为抽象云锦石。比如那些流光溢彩、诡奇瑰丽的图纹云锦石精品,那些孔窍丛生、褶皱网布、形似太湖石的石群,那些玲珑剔透、悬花露白的镂雕云锦石品,那些奇形怪状、意境幽丽无以名状之石,还有那些结构奇巧、线条组合近似文字之石,以及造形圆通、优雅大度的水冲云锦石等。云锦冲石就是原生态的云锦石由于自然力或人类活动影响,致使云锦石被暴露于地表,经流水、沙石夹裹、冲击、搬运后的云锦石个体。大部分云锦冲石已被磨掉石表原生花纹层,仅存些许花纹或完全光裸的石心,其中也有一部分具象石与抽象石具有独特的审美价值与收藏价值。

文字石在任何石种中都不多见,既属图案石,也属抽象石。大多数云锦石浮雕纹饰繁缛纷纭,文字形状笔画不易从中清晰显现。现有一十分珍贵的文字云锦石,是在几块相连的灰白色弧面菱形石心上,突兀生出一个中浮雕状隶书"鄂"字,笔画刚健利落,颇具笔力刀锋。因"鄂"为湖北的简称,此文字石即题名为"九省通衢"。

相对而言,云锦石具象石出现的几率虽比一般的石种要高,具象云锦石的具象度也高于一般石种具象石的具象度,但因任一石种任一具象石全赖于自然天意偶然形成之万难,具象云锦石充其量也只能是凤毛麟角,屈指可数而已,故其绝对数量必然远远少于抽象云锦石。一个石种的具象美一般只能体现在为数不多的具象石上,而一个石种的抽象美却可以显现于众多的石品上。云锦石中不仅存在可观的形形色色的抽象石群,且云锦石具有抽象美的类艺术符号却几乎装饰美化了所有云锦石。如果说王朝闻先生赞评"雨花石是抽象美的始祖",那么具有图纹抽象美与造型抽象美秉赋优势的云锦石则可当之无愧地誉为"奇石抽象美的王国",或者更确切地说,中国云锦石是举世无双的"天然抽象雕塑艺术美与自然美"的神秘王国与大千世界。

3. 内涵隽永,意蕴奇幻

雕塑是一种永久性的艺术,历代雕塑遗产在一定意义上成为人类形象的历史。具象雕塑以具体的雕塑形象来表达情感,抽象雕塑则以注重形体动作来表达微妙的情感,这种更接近建筑和音乐的雕塑具有意蕴奇幻的抽象内涵。抽象雕塑的功用与价值,在于它的形体所包含隐喻的深浅,在于抽象雕塑符号语言的艺术性之高低。抽象雕塑作为艺术的一种表达形式,离不开符号的创造。符号作为媒介是沟通人与社会和自然的纽带,是雕塑家思维活动的一种高度概括,同时把作者的思想、情感、理念等因素,通过约定俗成的形式传达给受众。抽象雕塑这种形式的艺术独特性,主要在于它特有含义的隐喻性,即蕴含着耐人寻味的生活哲理和思想情感,故具有其广泛的认知性。

抽象云锦石的审美特征相当于人为抽象雕塑,其形态各异,但其内涵皆具有一种强烈的艺术性,虽不显具象,但意象丰富,充满了灵性。抽象的含义隐匿在其中,任由审美主体鉴赏品读,无论是抽象纹理图案或抽象立体造型,均彰显出突兀奇异的风格和奔放张扬的个性;尤其是那些纷繁斑斓、随态无序的三维动感雕纹,曲柔和顺、自由伸展的形状形态,无不蕴涵着欣欣向荣的勃勃生机,包含着神秘莫测的万千气象,给人以无比浩瀚的想象空间。面对云锦石这种气势磅礴、朦胧空阔的抽象美,中国收藏家协会阎振堂会长即兴挥毫题写了"云锦美石,气象万千"的绝妙赞词。

云锦石的抽象性是指自然造形不同于人为艺术之规范化的结构形式,对于云锦石的形、质、色、纹、韵的欣赏也属于抽象性欣赏。云锦石形态千奇百怪，色泽丰富多彩，纹理行云蝶舞，胎石质地璧玉纯正，韵音金声玉振等审美特质，显然都不是指某一方石品的具体特征。这些抽象美特质是从众多云锦石本质属性中天意概括而自然显现出来的共同美质。云锦石的抽象美主要是通过云锦石诸多特征具体表现出来，形成五彩缤纷、琳琅满目的天雕群塑。一部分抽象云锦石通过线条、石形的变化和雕纹的灵动，创造出新奇纷繁的视觉世界，为审美主体或隐或显展现出其中的种种主题，如透露出阳刚、阴柔、优美、古朴、凝重、典雅、神秘、崇高、辉煌、灵动、梦幻、幽冥等意境，挥洒出内涵深邃、意蕴神奇的审美效果；一部分云锦石的形态变幻无穷，图案诡异瑰丽，寓意暗藏，模糊深奥，的确属于难以捉摸悟透的抽象形态与图案，难以轻易破解其中的奥秘，也往往无法一时用明确的语言揭示其中所蕴蓄的主题与意境。此类抽象石可分为几何抽象石与任意抽象石，多具有特殊、另类的形式；有的画面语言缛采纷杂，神秘莫测，让常人费解无措；有的抽象云锦石很像朦胧诗或抽象画那样难以琢磨，有时虽然感到其形之雅，其意之幽，但又说不出它雅在哪里，幽于何处；一些抽象云锦石虽然无主题无寓意，但这些抽象云锦石种种朦胧含蓄、空灵多维和令人愉悦陶醉的意境，具有无限悬念的思维空间与审美世界，蕴藏着自然大化的律动美，则更具有非同一般的视觉冲击力与情感震撼力。

云锦石抽象美的形成完全取决于天地间种种偶发性自然因素之神力，或致使其形态随意造就，蜕变出种种意想不到的怪异生灵或奇巧物件；或致使石表图纹异变偶成，任由地下水的神刀利刃自由驰骋，镂刻出惊世骇俗的千幅云图，万种锦样，构成自然大化的节奏美、韵律美与和谐美，营造一种天籁无极的抽象之至美。

云锦石的抽象美似乎充满神秘的色彩而显得扑朔迷离，其实，若以视觉艺术学的视觉值概念加以诠释，人们对此则会心领神会，欣然接受，并从中加深审美体验。视觉艺术首先是向我们提供一个有区别特征的综合视觉值，这个视觉值决定了一件作品与其他作品的视觉区别，告诉我们这件作品不是其他作品。抽象艺术作品的视觉值就是它的视觉价值，就像服装的视觉值就是服装的视觉价值一样。所谓具象云锦石就是其视觉值构成了我们视觉经验中的事物，抽象云锦石的视觉值则只构成石品本身，不构成我们视觉经验中的任何事物。

欣赏包括云锦石在内的抽象石，应有一个宽泛的心态与观念。康定斯基说过："绘画是形象与色彩的一种组合和安排，一种心情的表征，而非物象的再现。"他又说："抽象画是视觉的音乐。"众所周知，大多数人欣赏音乐无须"听懂"，它的构成元素会直接撞击我们的情感深层和心灵深处。欣赏抽象画也与欣赏音乐相仿，无须"看懂"才能欣赏；我们在欣赏庐山云雾、黄山奇姿、腾龙洞中钟乳石奇形怪状所变幻出的抽象美时，并非看懂了什么。实际上，凡欣赏抽象美，不是像欣赏具象美那样首先要用视觉与知识去辨识与解读，其实它乃是用直觉、心灵直接去感受整体中的混沌美。

吉祥本是人类对生存的一种美好希望和自然企求。从吉祥文化的角度看，无论是五彩缤纷的图纹云锦石，还是仪态万方的具象云锦石与光怪陆离的抽象云锦石，都可视为能给人们带来好运和好心情的吉祥奇石。藏品"吉祥如意"（30cm×20cm×13cm），正是一枚珍贵罕见的抽象云锦石精品（亦属图纹石精品）。石体硕长，曲面柔顺，青花全包，图纹完美；大卷云状花纹格局张扬，动势强盛，线条秀美，雕纹深厚；质地坚贞，精美雅致，色泽富丽，意境和谐，通体似乎弥漫着一片仙境般的吉祥瑞气，令观赏者心旷神怡，回味无穷。"吉祥如意"曾作为唯一云锦石参加了"2007年走进奥运北京邀请展",以其天雕图纹诡异瑰丽,意蕴无限的抽象美风格独树一帜而征服了无数国内外的观赏者。

无论是意韵奇幻的抽象美,还是形绝神妙的具象美,都是云锦石自然美的表现形式,各自拥有不可替代的价值。具象是认识自然美的基础,是感性认识的体现,一般表现事物的局部和个性;抽象是认识事物的概况,是理性认识的体现,一般表现事物的全貌和共性。由此可见,具象云锦石和抽象云锦石都是相对而言的,只有具体的两方石品相比较,才能分辨出此更具象些,或彼更抽象些。云锦石自然美具有很高的抽象性。云锦石的抽象美来自于独特的自然概念、天雕形态与赏石者本质,大多数云锦石品形态之意象似像非像、似有似无、若隐若现、有虚有实、有动有静、有风有浪、有声有韵,让你思绪万千,无限遐想,这才是云锦石自然美的精华之所在。

具象与抽象审美境界的差异在于具象审美多重在"悟",即形象思维,而抽象审美则偏于"思",即逻辑思维。两种思维方式都可以发现美、创造美。无论对于具象云锦石还是抽象云锦石的审美观照与审美判断,应秉持"各美其美、美美与共"的审美态度。苏东坡赞美西湖的诗《湖上初雨》写出了西湖的天生丽质和动人神韵,被公推为"前无古人,后无来者"的西湖千古绝唱。现借此诗深刻的内涵与醇厚的意境来比较鉴评云锦石的具象美与抽象美各自所具有的魅力:

水光潋滟晴方好,山色空濛雨亦奇。

欲把西湖比西子,淡妆浓抹总相宜。

三、内刚外秀的质地美

(一) 奇石质地美的内涵

石体的质地不仅是奇石自然美的一个重要观赏要素,也是决定奇石审美价值和经济价值的物质基础。一般来说,奇石的质坚、耐风化、易保存、能永久收藏者属上品。一方奇石没有破损、石病,则属于质的完整;石体的轮廓线条、细部肌理线条也完美无缺,则为形的完整;造型自然、层次分明、比例协调,内涵深邃,则为气韵的完整。奇石的质,是指奇石总体的质感和奇石本身的质量。决定奇石质的因素是岩石的物质组分、化学成分和结构构造,若岩石物质组分不同,化学成分和结构构造有差异,则其质感迥然不同,其质地也相去甚远。

当然,质的要求还要考虑奇石的硬度、致密度和细腻(润泽)程度,三者之间一般又互有联系。奇石的硬度是奇石收藏必须考察的一个指标。奇石的硬度是由奇石的质所决定的,它决定其抵抗外力刻画、压入、研磨的能力,直接关系到奇石收藏的保藏价值。奇石的硬度高,则石的密度大,质感好,赏玩价值亦大。石质的致密度和细腻程度,亦即组成石头的矿物质的颗粒度,一般是越细小,致密度愈高,致密度愈高就愈显得细腻和光洁平滑。因此奇石的硬度、结构、粗细、致密度和光洁度都是构成奇石质地品质与审美价值的重要方面。

赏石界对于奇石质元素的评价存在两种看法:一种认为石质是赏石要素之首,品评一方奇石的优劣应把石质排在第一位。这是由于将收藏珠宝玉石的传统价值观念直接套用到赏石中,加上部分原因是一些石质坚硬似玉的奇石产地因偏爱而产生的意向;一种则认为石质对于奇石并非绝对重要,因为中华奇石文化是从普通石头中挑选出具有艺术性的奇石,石质只是其材料之质。这是从本质上看待奇石形与质的辩证关系,是比较客观恰当的。显然,单以奇石的硬度、致密度、光洁度等还不能说明其质的高低与美否,而应从矿物学和文化学结合的角度来理解奇石的质,即将化学结构、物理性质所产生的形、色、纹的形式美与形象反映的人文内容作为一个整体来考察、理解与评鉴。

(二)云锦石内刚外秀的质地美

中国云锦石具有与众不同的石体构造,具有披甲藏胎的结构美,内外浑然一体,天生丽质,内刚外秀。"内刚",指石心石质刚健,缜密细腻,坚润如玉,质色非凡;"外秀",指花纹精致清秀,楚楚动人,图案绚丽,纷繁炫目,似牙雕骨刻般文雅珍贵。

中国云锦石既不是金刚石、玉石、翡翠一类的宝玉石,也不是田黄石、鸡血石之类的稀有印石,而是碳酸盐类原岩所形成的单体砾石。云锦石花纹层的形成原因是在封闭静态环境中重结晶的产物,本未受到自然力的直接压力与冲击,相对来说其整体外壳硬度虽不宜与某些观赏石类(如卵石等)相比,部分花纹层硬度的变化范围也较大,故云锦石的花纹层不靠材质的坚硬与名贵取胜。但云锦石却具有与众不同的石体构造,我们鉴赏云锦石的质地美也应从它的殊巧结构和奇形异纹入手。

供我们观赏的云锦石有全包型、半包型、镂空型三大类。全包型云锦石只能观赏到它的花纹层和花纹间保留的灰白色残留物纹,石心及其与花纹层间的过渡层和灰白色残留物层是看不见、摸不着的;半包型云锦石观赏到的是花窗般的花纹和镶嵌的灰白色残留物层面;镂空型云锦石观赏到的不仅仅是天雕花纹和灰白色残留物面,而且还可以观赏到其间的空洞缝隙和过渡层包裹着的石心(个别露出石心)。因此,云锦石的质地应包括不同层次的质地和它们共同组合而成的石体之品质。除少量黄花云锦石的花纹层因形成时间不足或物质成分比例不理想而导致硬度稍次、花纹表面较粗糙、细腻度不够和抗风化力较弱外,绝大多数云锦石的花纹质地坚韧(特别是青花全包型),表面精致雅秀,抗风化能力很强,与石心或过渡层紧密连接,十分牢固,镶嵌在花纹间的灰白色残留物纹或残留物面的硬度虽不太高,但其与花纹或石心粘附极紧,不易剥离脱落,只需经略加处理便光润柔滑;石心的硅质泥—粉晶灰岩石质缜密细腻,坚润如玉。这三种不同的质地层次巧妙组合得天衣无缝,既有花纹的构形奇巧、绮丽无比,又有残留物的柔和精细,还有石心的刚健和温润,凸显出云锦石造型自然、层次分明、比例协调的艺术韵味,内外浑然一体的天生丽质,这才是云锦石完整意义的、内刚外秀的质地美。

天公造物本没有任何主观意志,也不存在任何计划方案,当然更不会有任何偏心与特别关照,一切都按照客观世界的自然规律运行,所有自然物的形成皆由机遇所赐,妙造天成。人们还发现,世间万物并非全都是完美无缺的,而且不少东西还存在不尽如人意的缺陷或败笔,如美玉多带瑕疵,良木常呈瘰疬,外强者中干,华丽者无芳等,总让人惋惜遗憾,甚至唏嘘喟叹而已。唯有云锦石之美得天独厚,超凡脱俗,经得起任何挑剔苛求,可谓至奇至美。刘勰在《文心雕龙·情采》中说:"夫水性虚而沦漪结,木体实而花萼振,文附质也。虎豹无文,则鞟同犬羊;犀兕有皮,而色资丹漆,质待文也。若乃综述性灵,敷写器象,镂心鸟迹之中,织辞鱼网之上,其为彪炳,缛采名矣。"这段话本意是说明圣人文章必须要讲究美丽的文藻,而且还主张要繁缛的文采,即"缛采"。云锦石在上天的恩宠呵护下,不仅从一般的粗砺顽石经千万年孕育演变成坚润、刚健、细腻、柔和、五彩的胎质,而且为石表赋予了繁复富华、诡异瑰丽之浮雕图纹,其审美效应与审美价值已远远超越了刘勰所说的"缛采"标准,达到了十分完美理想的境界。

四、金声玉振的音律美

(一) 奇石音律美的意义

声音之所以悦耳有一种简单的物理基础。一切声音只有在一定强度和频率的限度内才感觉是愉快的,如果产生一个声音的气流依规则间隔反复震动,这声音就是一种谐音。

奇石的音律美是指奇石在外力的作用下振动所发出的谐音之美。每一类奇石都会发出自己特殊的声音,有的似金属之声,或悠长,或雄浑;有的似乐器响铃之声,或铿锵,或清越。对于奇石音律美的欣赏,也是玩赏奇石的一种传统方式。《云林石谱》所著石品108种,其中涉及声鉴石品53种,叩击而能发音石品35种,可见古人对石音之钟爱。奇石美妙的声音作用于人的听觉器官,使人首先产生听觉快感;石音的内在感染力,进而可使人达到心灵的震颤及精神上的满足。

奇石的声韵,则与其原岩的矿物组分、结构构造以及在奇石形成中块体大小、厚薄等有密切关系。有的岩石变质后,其中空晶石分布不同,也产生不同的声韵,这是由于组成岩石的矿物质点振频声波的传递结果。岩石受击后,其结构构造不同,空晶石多少不同,其传递振频声波则不同,而发出不同的声音。

(二) 云锦石金声玉振的音律美

云锦石历经重重磨难,集天地日月之精华,禀性刚健纯粹。云锦石的花纹和石心矿物晶体细微,泥晶级和粉晶级达80%以上,石质缜密细腻。云锦石之玲珑剔透、较为扁薄的石体,若以金属棒等硬物叩之,亦可迸发出金玉之声。青花云锦石,其声清脆悦耳;黄花云锦石,其声浑厚柔和。有石心与花纹层分离而不出者,摇动叩击,铿锵有声;有花纹与石心分离而成花片者,悬而叩之,其声清脆悠扬;若将云锦石切割成大小或厚薄不同的云锦石片(如云锦石切片砚),试以叩击之,则可演绎音调高低不同的清脆乐音。可以说,云锦石的音律之美会引起听觉快感,人们从中可体会到宽泛含蓄的情感、起伏跌宕的情绪、超越时空的联想,往往自然而然地为其美妙的天籁之声所征服。

云锦石所具有的音律之美是其自然美的物理特征与表现形式之一。鉴于产地目前不具备相关的条件,故未能对于云锦石切片进行超声波等物理性能检测,也未能进行云锦石石磬的试制、实验。我们相信,以云锦石金声玉振的音律美及坚润细腻的品质,若以云锦石切片制磬,定会形声皆美,恐不亚于流韵千古的"汴之浮磬"。

第八章　中国云锦石自然美的思考

在论述了云锦石自然美的种种表现形式之后，为了加深对云锦石之美的理性认识，有必要思考关于美的一个基本观点，就是"美是什么"的问题，并进而试探讨"奇石自然美与人为艺术美之比较"的问题。

一、美是什么？

美，是个本体论的问题，即美的根源、本原、本质问题。本体论的问题，即是什么东西使很多事物和现象（自然现象、社会现象、艺术现象）变得美或丑的问题。历史上有神、上帝创造美之说，有理念、理性创造美之说，有主客体结合共同创造美之说，有劳动（实践）创造美之说等。这个问题争论了两千年，至今没有在认识上取得统一。所以美学家对美的本体、本原、本质问题感到十分困难，很多人想回避它，只论审美问题。

但是，这是驼鸟思维。既然是审"美"，必然有美是什么这个问题的存在。存而不论，永远是个猜不透的谜。再说，人们在审美时，心理深处必有个美学观在暗中指导，这个美学观首先要回答的问题就是：什么是美？美的本质是什么？可见，驼鸟以为看不见人就以为没有危险的思维是自欺欺人。

当然，要回答美的本体、根源问题很复杂，这不是本书能解决的问题。我们只能以一种美学观作指导，来探讨、认识云锦石为什么美，美在何处。这个美学观看来只有中国传统的生命美学才能解答。生命美学是由于19世纪末直到20世纪的中西美学大碰撞，在经济获得迅速发展而人们的精神生活却相对贫乏的时代背景中发展起来的，它是中国古典美学丰富的生命精神的体现与发扬。张岱年教授在《中国哲学大纲》中指出，中国哲学是生命的哲学。宗白华说中国艺术是生命的艺术。对生命的关注则贯穿了整个中国美学史。对于生命价值的肯定，对于绝对生命自由境界的追求，这正是中国美学所致力于寻求的神妙之境。在中国哲学和中国美学中处处表现出对人的生命的历史亲近感，表现出中国人对美和自由的执着与憧憬。

中国传统美学观是在《周易》、老庄哲学、子思孟子《中庸》哲学基础上形成的，它回答的美学本体问题就是道、大道、天地人之道。这个形而上的道，是万年以来中华民族理性探索和文化实践的结晶。道是什么？它看不见，摸不着，玄之又玄。但它存在着、创造着大自然和人的生命，支配着宇宙和万事万物生生不已的运动。它的总规律就是阴和阳的对立统一。《易经》中说："一阴一阳谓之道。"《老子·四十二章》中说："道生一，一生二，二生三，三生万物。万物负阴而抱阳，冲气以为和。"阴和阳是一切事物的特性，他们既相互对立又相互联系，既相互斗争又相互渗透，谁也离不开谁。在自然界，阴阳交合，产生了天地日月……产生了飞潜动植，其中包括产生了男人和女人。它们都是充满活力的生命。生命力是派生这些生命，决定生命由幼稚到少壮，由衰弱到死亡的因素。我们欣赏美女，欣赏体育运动，欣赏斗牛与斗鸡，欣赏花木，欣赏千年死而不倒的胡杨，欣赏狮虎的威猛雄风等的美，说到底是欣赏生命力的美。顽强的生命力，自强不息的生命力，智慧的老当益壮的生命力，都是美的，哪怕其外在形象已老丑、残缺了。世界上没有人去欣赏羸弱、病态（除非变态心理，如模仿西施捧心、欣赏病态的林妹妹）、僵死的现象，更没有诗人画家以赞美的心情去描写它。

除了飞潜动植的生命力所制约的感性形象值得赞美外，如果岩石矿物（包括奇石）、自然现象（日月星辰、虹霓彩霞、白云迷雾、潮汐波涛、江河流水、雷电雨雪等）中有类似生命运动的现象，人们都认为是美的。除非它给人们以灾难，摧残生命，人们才咒骂它、厌恶它。黑格尔是否定矿物美的，但他也说只有"生气灌注于其中"才显得美，可见，他也承认有"生气"的矿物，即有类似生命运动现象的非生物是美的。

这些生命力不是上帝耶和华、穆罕默德、释迦牟尼、太上老君创造的。不是理念、理性、情感、想象、幻想等主观创造的。也不是人创造的。它是自然生成的，是生物在宇宙时空中，历经亿万年的发展而生成的。是"无"中生"有"，是阴阳二气交合而产生的，是"道"的规律的体现。

我们评价自然物的美以及人的美是对它们的生命运动的本身作评价。自然物从形式美来评价，即评价它的形状、色彩、光泽、纹路、气味、声音、节奏如何，以及是否符合多样统一，均衡对称，虚实结合，动静相宜，方圆曲直等结构规律；而对人的美则以容貌端正、肌肤润泽、身材合适、发育完善、顾盼生姿、风华正茂、雅秀端丽、风度翩翩等如何而论。人的自然胴体之美是一切审美事物中最高层次的美。它首先是自然创造的，然后才是社会实践和锻炼而来的。谁能回答"天生丽质难自弃"的美是如何创造的？谁能回答"倾国倾城貌"是谁赐予的？不能，永远不能。

生命无所不在，生命是美的。因为生命力代代相传，所生生不已的自然和人的生命普遍是美的（当然其中包含中华优秀文化传承的真与善）。中华民族两三万年以来，都热爱生命、热爱生命力呈现的美。所以我们的河山植被、岩石矿物、珠玉奇石历来被赞美，有数不清的诗词歌赋、书画在赞美它们。至于人的生命美，更是文学艺术表现的中心。因此，我们的民族没有厌恶生命、轻视生命、糟践生命去追求天堂的文化传统和颓废美学的传统。

自然生命力和人的生命力（美的本质）的感性显现，就是美的。美的，是指人以愉悦感引起的肯定性的审美评价，也称为美感。审美的基础是感知，没有感知者就没有美感。美感是对万物的美的体验，是根据美的需要，按照个人所掌握的社会上美的标准，对客观事物（包括内容和形式）进行评价时所产生的情绪体验。凡具有美感的自然物都具有生气勃勃的性质，因此主体在欣赏自然美时便会产生美感。云锦石的结构、形状、质地、色彩、光泽、纹路、线条、节奏、形象，都是可以直接感知的审美现象。这一切属于云锦石外在的形式美。观赏者一般停留在这一感性的审美层次。如果要问这些现象为什么使人感到美？美的内容（本质）是什么？这些现象背后的运动规律是什么？恐怕很少人能回答了。

美的本质是生命力运动，是大自然万事万物生生不已的生命力运动。那些非生命力运动的自然现象如日月星辰、云霞雾气……由于类似动物、人类的生命之气，在中国人看来也是美的。只有凋零、枯死、残病、僵化的生命现象，即生命力衰竭的现象才是丑的。

生命力是什么？它如何运动？运动中呈现出什么美的规律？这些问题很复杂。我们只想说明，云锦石的质、形、色、纹、光泽、声音等形式美现象，是以一（整体）与多（部分）的结构规律呈现的。这个规律中包括某种秩序、比例、均衡、节奏、适度等特性，当这些特性在矛盾运动中呈现出相对静止的和谐状态时，它就具有审美价值了。就是说，它潜藏在感性现象美背后的类生命力本质，能满足审美者的深层次需要了。

在中国哲学看来，宇宙间的万事万物都是"一气运化"的结果，都是宇宙生命力的体现，因此只要它们还原到本源状态，就能体现固有的生意，因而都是美的。自然美是自然事物自身的生命活力所展现出来的美，妙造天成的云锦石上那些线雕、浮雕、镂雕图纹、三维花结所组成的云阵锦屏，势如春潮，水曲波涌，雾腾霞飞，错彩镂金，雕缋满眼，气韵流转，阴阳互补，千影彤彤，万象丛生，其间仿佛承接、积聚了天地日月之精华，充溢着猛烈强劲的动感与旺盛蓬勃的生命力，足以令人兴奋鼓舞，从而自然地陷入奇幻无比、美妙无限的审美意境之中。鉴赏云锦石所感受到的意象美、体验到的意境美，诚如王国维先生所言，是"合乎自然、邻于理想的那种深情呼唤的美的预想"。

中国古代美学观认为自然美是自然生成的。无论王羲之、顾恺之、宗炳、谢赫，还是刘勰，莫不认为自然事物和现象的美是天生的，而不是人创造的。自然界百万年来就存在客观的美，那就是生命和生命现象的美。人在掌握了美的规律后，才以劳动"对象化"于自然事物，使之更美。只有如此，才能称做"自然的人化"，才能说美的自然物是自然人化的结果，是人类实践符合自然规律的创造与自然生成的统一。

奇石是外在于人而存在的，人与奇石是相互联系、相互矛盾的统一体。奇石美创造了人的审美意识，人也发现和创造了自然的审美因素。自然美作为一种特定形态的美，既离不开人的社会实践，又必须体现在自然物的自然属性之中。自然美是自然物体的某些属性和人主观方面的意识形态的契合，这种契合就是人借石来表达、抒发自己的思想和感情。显然，只有人的意识形态与自然物发生共鸣，才能产生自然美感。所以，所谓奇石自然美的观念不是单指奇石这个自然物本身，而是指人与奇石的结合即"天人合一"的产物。正如著名美学家王朝闻先生所说："我对自然美的发现与感受，是我所指的精神性的对象化"、"所谓石道，正是指观赏对象（物）自身，以什么特征与观赏者的兴趣（心）相适应，建立心与物之间不可割裂的审美关系"。于是可以认为，自然美是人类社会实践的产物，是在长期的以物质生产为中心的社会实践之中，人类的实践自由使得自然人化和人自然化，从而形成了人对自然的审美关系。这种审美关系显现在自然对象之上就是"自然美"，而显现在人的意识之中就是"自然美感"。

奇石文化的核心内容就是从自然中去发现奇石的美。一切美都要求形式与内容的统一，对于社会美来说，其社会内容相当明确，而对于自然美来说，则没有社会内容。人们在欣赏云锦奇石时看到有人或物的形象，感到有诗意、有艺术境界，那是由艺术联想派生的，是主体赋予的，不是云锦石的"造物主"创造的。没有人类以前，花照样开，草照样绿，天照样蓝，正是自然美的客观存在，才在智人出现后，使人有美感的机制产生！奇石是承天之灵，借地之力，浑然天成，不为任何世俗所左右，不以任何人的意志为转移，以本来的面目、天然的形态显露出大自然的风采，超凡脱俗，不加雕饰的自然美。

自然美相对于社会美、艺术美来说更侧重于形式美。形式美，广义地说，是指美的事物的外在形式所具有的相对独立的审美特性,它表现为具体的美的形式;狭义地说,形式美是指构成事物外形的物质材料的自然属性(色彩、线条、形体、声音)以及它们的组合规律(如整齐、比例、对称、均衡、反复、节奏等)所呈现出来的审美特性。自然美之所以以形式美取胜,是因为它的固有属性具有向人的品格,是因为审美主体的内在尺度的感应性使然。德国哲学家卡西尔说:"外形化意味着不只是体现在看得见摸得着的某种特殊的物质媒介如黏土、青铜、大理石中,而是体现在激发美感的形式中:韵律、色调和布局,以及具有立体感的造型。在艺术品中,正是这些形式结构、平衡和秩序感染了我们。"这段话正好揭示了形式美的本质。

形式是有相对独立性的,也就是说,形式有独立的审美价值。千百年来,人们直接感受自然美的形式,已积累了许多形式美的规律和范式,因而形式美具有独立的审美特性与审美意义,是独立存在的审美对象。一个具有审美力的人反复地接触自然美与人创美的形式,便会不自觉地将其中的某些共同特征进行概括,形成一些相对独立的、抽象的形式美概念,此后他一旦接触到具有这些特征的形式便会立即产生美感。

形式美,虽然只是美的一个表现形态,但却是一个非常重要的形态。它能够为人们提供观赏美的外在属性的客观依据,把人们的审美感性认识提高到理性的高度。因而,形式美为审美主体即赏石爱好者发现美、创造美提供了前提条件。李清斋先生认为:"奇石是自然物,它的美属于自然美,而且侧重于形式美。所谓形式美,就是它的外在形式——形、质、色、纹及其组合规律之美。因此,人们对奇石的鉴赏,都是从奇石的形、质、色、纹进行审美,然后进行综合评价。"

构成观赏石的各种形式元素,必须符合一定的组合规律,这些组合规律可分为各部分之间的关系和总体关系两个方面。前者主要是比例、节奏、均衡,后者主要是对比(大小、高低、粗细、疏密、明暗、冷暖、强弱、曲直、刚柔等)与调和。显然,以线条、形状、色彩、声音、质料等所自然组织、和谐妙成的形式美因素组合,本属于云锦石整体结构中最精华、最珍贵的审美要素和审美核心价值体系。

自然属性虽然不是自然美的根源,但是由于自然美主要是以它的感性特征直接引起人们的美感,因此,自然物的某些属性如色彩、形状、质感、结构等具有不可忽视的审美意义,它是自然美形成的必要条件。奇石的自然属性,可视为奇石自然美的表现形式;或如前苏联美学家鲍列夫所说,"事物的物质的规定性和感性的具体性是审美的自然材料"。这些表现形式或自然材料便是构成奇石视觉美的诸因素,都有其内在的魅力,一切都是上帝造物的结果。中国云锦石的自然美以丰富多彩的表现形式,激起人们十分强烈的审美感受,显示出巨大神奇的审美价值而使云锦石成为举世无双的天然雕塑,傲然立于中华奇石之林。

二、奇石自然美与人为艺术美之比较

自然美是指客观自然界的事物或现象的美,即能够引起审美主体愉悦的自然物的生动形象与丰富内涵之美。奇石自然美是天然意化与意化天然相建构的美,即奇石的天然表象表现了人的审美意识,而人的审美意识也不期而然地与奇石的天然表象相吻合,这就是"天人合一"思想在奇石审美中的具体体现。奇石自然美与人为艺术美之间存在着相似、相通及相异的内涵与特征。

艺术美是指经过艺术创造实践，把现实生活中自然界的美加以概括和提炼，集中地表现在艺术作品中的美。艺术美包括艺术形象对现实的再现与艺术家对现实的情感、评价和理想的表现，是客观与主观的有机统一。艺术作品中的美，必须通过艺术的形象才能显示出来，因而艺术美主要是艺术形象的美。艺术是人类艺术创造与审美活动的结晶，是对现实的升华和概括，因此比现实生活中的美更集中、更典型。正如郑板桥的画竹心得所论那样："江馆清秋，晨起看竹。烟光、日影、露气，皆浮动于疏枝密叶之间。胸中勃勃，遂有画意。其实胸中之竹，并不是眼中之竹也。因而磨墨展纸，落笔倏作变相，手中之竹又不是胸中之竹也。"

奇石是自然与人类精神融合的产物。奇石是人们用艺术鉴赏的眼光，以艺术品的标准从千千万万块石头中寻觅、发现、比较、挑选出来的。因此，它与艺术作品之间天然存在着某些相似或相通的特征，如具有类似于艺术作品的形式与艺术形象，能巧合地表现出犹如艺术作品的内涵，具有相当于艺术作品的审美价值、收藏价值、经济价值等多方面的价值。

艺术性原指艺术作品通过各种艺术手段反映社会生活、表现思想情感所达到的鲜明、准确、生动的程度。但艺术性并非人类创造的专利，在自然界也存在着某些具有艺术性的事物能让人类感知，因人类的艺术感悟源头就在于神秘自然，自然是人类美感最直接的老师。奇石也具有艺术性，表现在富有自然韵味的艺术美感和可观赏性，也就是它的审美性。奇石所表现的艺术性取决于人类的认知因素，其实是指人们对于奇石符合人类审美情趣特征的认识。人们欣赏、评价奇石的标准就是借鉴美学原理和艺术审美标准，利用或借鉴一般艺术作品的欣赏方法和艺术法则。奇石的艺术美既不是人创造出来的，也不是天公冥冥意志的结果，而是指奇石在自然力量作用下，形成有观赏价值的元素与人类创作出的艺术品中某些典型特征非常接近，唤起人们的幻觉与联想，展开艺术想象，以它独有的艺术语言去演绎自然的大美。

奇石作为美的天然石体，与人为艺术品有异曲同工之妙。奇石经我们整理、观察、配座、鉴赏、命名、展示等一系列环节，就是我们发现、理解和认识它的审美过程，发现者凭借个人艺术修养和艺术鉴赏力发掘并赋予其艺术性。奇石与石刻、玉雕、盆景、根艺等相比较，这些艺术创作是通过改变天然材料的造型来实现的，而奇石的艺术性则仅依赖于其天然属性，需要人们从文化审美的角度去发现和认知。"天作"与"人为"，即发现之美与创作之美是奇石与其他艺术品的本质区别之所在。

中国云锦石是大自然偶然的特殊创造，却神奇地显示出富有类似于人为的艺术性，符合人的审美情趣与艺术标准。云锦石的艺术美虽不如艺术作品那样形式规范，但是艺术作品不如云锦石等奇石的艺术美那样丰富，更不具备云锦石等奇石艺术美的自然性和神奇性。云锦石不仅拥有类似雕刻、绘画等艺术品相似的艺术性，而且，更为重要的是拥有独特的天然艺术个性，即自然韵味和偶然巧合的类艺术性的完美结合。作为大自然的杰作，云锦石因具有精美的天雕艺术实体和奇幻的空间视觉造型，使之从奇石群中脱颖而出，成为具有极其独特审美价值的欣赏对象。云锦石的奇纹异彩所显现的自然艺术语言符号，造型上高度的具象性与玄妙的抽象性，以及构造的诡异性与成因的神秘性给予人以艺术想象的极大空间和自由，其所蕴含的艺术性及艺术美往往让艺术家们自叹弗如。

奇石美是从山林奇石美演变而来的一个小分支鉴赏对象，而且是一个中国特殊的审美文化系统,是特殊的自然美中的艺术美。奇石自然美是天然形成的美,它与艺术美的根本区别在于自然美先于人类社会而存在,毫无人为的痕迹,不同于艺术美的人为雕琢、人为创作之后天形成。奇石是无为之为,天赐圣物。与之相应的人类创作或生产制造,是根据人的审美理念,并运用已知规律、知识、技艺所完成的目标明确的创造,两个过程的性质大相径庭。正如康德所说:"自然的美是一件美丽的物;艺术的美是一物的美的表现。"因此人类的创制不可能达到奇石所具有的妙趣天成的境界。庄子认为,天地自然的大美无条件高于一切人工制作的众美,它是绝对的美。因此庄子说"朴素而天下莫能与之争美"。

人们带着一定的审美标准去觅石、赏石,然而,自然的意志并不是人可以先知预设的,自然力所创造的奇石往往超出了人的期待、思维方式和审美标准,往往出人意外地贡献给我们一个个诡奇无比、精美绝伦的赏石佳品来。奇石的万千变化让人类常常惊叹不已,奇石自然美的呈现常常让人类觉得有一种不可思议的性质。云锦石是人们在清江河漫滩中发现的,它的质地、形状、色彩、花纹都是自然生成的,但看起来却像是绝妙的雕塑艺术作品,而且是最伟大的雕塑艺术家也难以想象、创造、模仿出来的旷世杰作。虽然许多美的自然现象看起来都像是艺术,虽然许多种奇石都不同程度地具有艺术性,但世界上恐怕没有什么自然物,包括一切已发现所有奇石的美能像云锦石的美这样酷似于人工创造的雕塑艺术品了。著名美学家刘纲纪教授关于奇石与艺术品、奇石美与艺术美之间的比较与评说,用在云锦石上实在是最恰当不过了:"奇石的美妙之处就在它非常像艺术作品,却又是天然生成的,并且是最伟大的艺术家也难以想象和创造出来的","如果要讲奇石美与艺术美的关系是怎样的,我想用一句话来概括:'不是艺术,胜似艺术。'"

经得起反复观赏的、耐人寻味的云锦石,它的审美效应是怎样引起的?既是云锦石自身具有经得起挑剔的审美特征,也依靠善于由表及里、不断有所发现与善于识别美丑的观赏者。《文心雕龙·隐秀》中论秀美特征的几句话,可借以说明这种审美关系:"若远山之浮烟霭,娈女之靓容华。然烟霭天成,不劳于妆点;容华格定,无待于裁熔;深浅而各奇,秾纤而俱妙;若挥之则有余,而揽之则不足矣!"云锦石之美的奇妙处就在它处于自然与艺术之间:它是自然,但又趋向于艺术;它趋向于艺术,但又仍然是自然。

自然生成的云锦石不是人为的艺术,为什么又胜似艺术?难道真的有"神工"、有"鬼斧"?有一种隐蔽着的神秘力量?不错,按中国古典哲学——《周易》与老庄的观点来看,那个看不见、摸不着的支配宇宙(人与自然)按规律创造美的自然景物、美的人类与社会、美的文化艺术的"神秘力量"就是道、天地之道、大道。它形而上地存在着,它是万物生生化化的本源,它的规律就是阴阳对立统一,一切自然界的生命和类生命的现象,包括人类,都是阴阳交合而生,阴阳矛盾就是推动力。

庄子完全继承了老子"道法自然"的思想,他在《齐物论》中以天籁、地籁、人籁三者比较来说明自然之大美与全美:"地籁则众窍是已,人籁则比竹是已","夫天籁者,吹万不同,而使其自已也,咸其自取,怒者其谁邪!"郭象注释曰:"故天也者,万物之总名也。莫适为天,谁主役物乎?故物各自生而无所处焉,此天道也。谁主怒之使然哉?此重明天籁也。"与地籁、人籁相比,天籁只是一种境界,是无法言说的。所谓"天籁",就是让宇宙万物充分展现其自身,就是让每个事物成为它自身。云锦石完完全全是由埋藏在清江河漫滩中的卵砾石被清江的水流缓慢"雕塑"而成,或者更加形象的喻说,云锦石分明是在地下水的溶融环境中,以周而复始的间歇性溶蚀—残留—凝聚—再结晶的方式点点滴滴增大成形,就好像是"万类霜天竞自由"的生命体那样顽强地"长出来的"。显然,云锦石之奇幻绝美纯属庄子所极力推崇的天籁之美。云锦石的天籁之美,不仅在于它的类艺术性,而且在于它的不确定性与不可界说性,更在于它不服从范畴观看,往往溢出我们以想象来描述它的范畴。这就是天然雕塑云锦石无与伦比、叹为观止的天籁之美。"天雕"即"天籁",或如佛学大师南怀瑾所言,"天籁"就是"自然来的,归于自然"而已。

云锦石本属非生命物质体,它形成的云锦花纹图案、飞潜动植的形象,是在特殊地质条件下,漫长的岁月中,由物理化学作用使然。通过科学探究照说将来是可以破解其所有秘密的,但目前暂没有条件,也不太可能作出终结的答案。至于它的云锦雕塑与人物形象之美,以及人称的"意境"之美,那不过是人联想起云霞织锦中,社会生活中有这种审美形象,艺术中有这种雕塑形象,才产生惊奇与美感而已。一个缺乏审美力的人,或者一个非汉文化圈的外国人,他的审美认识结构中心理上没有云锦、云气纹文化以及天雕美的信息储存,当他看见云锦石时,审美主体与审美客体之间不发生关系,物是物我是我,这个人肯定不会产生美感。云锦石再美,他也是不会欣赏的,更不会将云锦石的云气图纹与自然的云彩和古代的云气纹文化联想起来,就是气象万千的黄山云海也不会使之动情。自然物之所以美,是由于主体在其中获得了一种超自然理性的发现。这种超自然理性的深层结构,却来自人类的文化意识。因此缺乏这种文化意识的人,就不可能感受到自然物中这种内在和谐统一的理性结构,就不可能感知自然美,即使这种美近在咫尺,就在他眼前,也会视而不见,无动于衷。

云锦石的类雕塑艺术形象,虽然并非实际意义上的雕塑艺术形象,但两者表现方式在本质上也仅是自然与人文的区别,仅在于天然创造与人工创造的区别而已。无论它们表达的是何种形式的艺术语言,它们的艺术属性和自然属性不会改变,不同的只是艺术表现手法不同罢了。云锦石具有独特的观赏价值,是一种蕴含生活内容、思想哲理的天然艺术品,它那来源于自然又高于自然的艺术属性,从某种意义上讲,已经超越了人文创造的智慧模式和艺术力量,使赏石者因意而生,为意而赏,在形与意的交融中,领悟美的真谛与灵魂。

云锦石使人感到神秘,不必急于去尽求其解,让它保留一层神秘的面纱,让人感到"惚兮恍兮,其中有象;恍兮惚兮,其中有物",这要比明明白白、一眼看穿更能使人产生神秘美感。神秘能产生美感。刘勰说:"衣锦褧衣",穿着织锦的衣服要在外披上薄衫,使美隐藏起来。这种隐藏之美,比显明之美耐看,更令人寻味。既然神秘是审美的需要,又何必急于追求破译云锦石的形象胜似艺术之谜呢!

王仲先生认为,奇石的自然美符合人的审美情趣,但是却不受人类的审美标准所局限。这种不受局限的创造物可以说是与人类创造的作品的最大差异。人类的艺术如果离开了"规矩方圆"的创造方式,就无从着手和无法把握,虽然"规矩方圆"的创式成了人类能够掌握艺术的方法和手段,但是也束缚了人类的创造精神与能力,使得人工物品总是留下人工痕迹;而自然造就的奇石却不受此限制,它来源于自然。自然万物既是创造者,也是被创造者,无拘无形,其自然特点是人类永远都追求,但又永远追求不到的目标。从这一点可见,人类的创造物无论如何也是不能与自然创造的奇石媲美的。正如谢林在《艺术哲学》中谈到艺术与自然的关系时所论:"艺术与自然相一致,但两者运用完全不同的方法:自然是从无意识创造发端,最后才达到人的有意识的目的,而艺术则从有意识的创造开始,最后达到无意识的艺术作品。"

人类艺术品是作者宣泄情感的载体,收藏者依据作者的艺术语言,去理解领悟艺术品中作者表达的思想情感与艺术观念。奇石则不然,奇石并无冥冥赋予的任何意志,全凭欣赏者以自己的阅历、素养去发挥想象,赋予自己对奇石的主观理解。因此,奇石可以让欣赏者尽情倾注自己的情感,从它的自然形态中创造出属于自己的艺术意象、艺术形象与理想空间。由于奇石具有这种人类艺术品所不具备的特殊审美功能,以及各类奇石异彩纷呈的不同外观形态,更增添了奇石欣赏的无穷魅力。

自然美作为一种审美价值形态,属于客体性的美和偏于形式的美。李顺清先生认为,自然美主要不是以其实体性存在提供某种有限的功利目的,而是以其所表征的精神意向与审美态度为社会美与艺术美提供一种审美的原型意象为终极目的。从人们最直观的经验来说,真正具有深刻震撼力的美是自然美,自然美给人们以生气勃勃、世代无穷繁衍的生命力,给人类的心灵以启迪与安抚,往往超过了一般的艺术品。而且,众所周知,对大自然的审美体验,对自然景物的观察与思考,是所有艺术家创作获得灵感的源泉。正如席勒所说:"即使到现代,自然仍然是燃烧和温暖诗人灵魂的唯一火焰。"桑塔耶纳说:"外在自然的机械组织是我们心中的统觉形式的来源";"每当回归自然以寻求一个新的统觉形式和一个新的理想的时候艺术便觉醒过来。一切艺术都不断需要回归自然,不这么办,我们的统觉形式就会逐渐变成浅薄和陈旧,而受传统和时间所支配。"中国云锦石奇迹般的问世,不仅为中华奇石宝库增添了一个独一无二的、国宝级的珍稀石种,而且为中国雕塑艺术不断精益求精、追求至善至美的境界提供了一个奇幻绝美的天雕艺术品典范。

然而,云锦石毕竟是自然物,它具有的艺术性、艺术美与艺术品的艺术性、艺术美并不能等同。王朝闻先生对此有精辟的论述:"自然物作为审美对象往往形成与主体合拍的艺术性。但艺术性与艺术品之间有不可混同的界限。""观赏石虽然可能富有所谓艺术性,但它的物质形态缺少艺术形象的主观性与独创性。""凡是未经人为加工的观赏对象,例如具有审美价值的石头,不论它的形体、色彩、斑纹、硬度多么接近动人的艺术品,我只承认它具有相对意义的艺术性。"

自然奇石的艺术性是结合自然性与人类对于艺术性事物认知因素而形成,对于富有自然艺术性的奇石也是人们对于艺术性事物的认识和理解。但是,我们并不能因为自然物的艺术性高于人造艺术品的艺术性,而称"自然艺术性"或者"超艺术性",因为艺术性只是人类认知的产物,没有人类的认知,就无法确定艺术性的存在。自觉的人类毕竟是天地宇宙的精华,"为五行之秀,实天地之心"。文学艺术作为人类自觉精神创造的产品,在理想性与自觉性上又胜过自然,所以文艺作品能够"金声而玉振,雕琢性情,组织辞令,木铎起而千里应,席珍流而万世响,写天地之辉光,晓生民之耳目矣"。

云锦石是天设地造的尤物,是人偶然侥幸发现了它,艺术是艺术家用心血浇灌的花朵,是人类有目的的创造;云锦石的物质材料仅仅是石头,而艺术所用质材却五彩斑斓、花样百出;云锦石表现出的艺术性是盲目的、随意的、天赐的,而艺术的艺术性则表现为艺术家的主观能动创造的针对性和情态需要的指纹性;云锦石的自然美、艺术性只能在审美观照过程中产生,艺术的美不仅先要在创作过程中形成,同时亦要在欣赏过程中被广大受众认可。

市场竞争总是同类商品的优存劣汰,而各类奇石从本质上来说,它们之间并不是取代式竞争,也不是互相排斥的关系,而是分别有各自的存在空间,每一个石种、每一块奇石都有其独立的存在意义。中国云锦石存在的独立意义也许在于:云锦石不仅是超出了人的思维和审美标准、出乎人意外的"奇石中的奇石",而且是其艺术性与审美价值超出了人为艺术的、举世无双的天赐美雕。每一石种的主体风格往往呈现出有别于其他石种的审美价值与独特魅力,这就是该石种自然美表现形式的独特性。云锦石是上天馈赠给人类的无价之宝,是具有无比丰富美感与高度审美价值的自然物,其天然雕塑的艺术形式就是云锦石自然美表现形式的独特性。云锦石之奇幻绝美不仅具有强烈的吸引力、震撼力,一瞬间可让人大开眼界,惊异折服,瞠目结舌,并能立刻催人产生无法抗拒的收藏冲动和迫不及待的拥有欲,这就是"自然美尤物"——号称"清江魔石"的中国云锦石无穷魅力之所在。

第九章　中国云锦石的价值分析

一、奇石的价值体系

价值是人类为获得最大生存条件而必须付出的最小代价。具体来说，价值是指一定事物和人或者人的社会关系所形成的一种积极或消极意义的特殊社会规定，也是事物和人所构成的需要关系。奇石的价值体系包括审美价值、文化价值、收藏价值、经济价值、科研价值等。由于奇石的主要功用在于赏玩，显而易见，审美价值是奇石整个价值体系的基础和核心，奇石的价值主要体现在它的审美价值中，其他一切价值形式都是由审美价值派生或衍生出来的。因此，探讨奇石的价值体系和价值功能，首先应探讨奇石的审美价值。

审美活动本质上是一种价值活动，因此，美是在这种活动中产生或形成的一种价值。关于审美价值，爱沙尼亚美学家斯托洛维奇指出："人的审美关系历来是价值关系，没有价值学的态度，要认识它原则上是不可能的。审美关系的客体具有价值性。审美价值和反映他们的范畴，首先是美，不能不归入美学的对象。各种等级的审美意识的价值倾向性是无可争议的。"美国美学家乔治·桑塔耶纳说："美是一种积极的、固有的、客观化的价值。""所有价值从某方面说都是审美价值。假如我们试图从人生中消除一切苦难，像世俗有时想象的那样，我们将会发现构成纯粹幸福的东西除审美快感以外所余无几。"欧文·琼斯在《原理》一书中说："美的实质是一种平静的感觉，当视觉、理智和感情的各种欲望都得到满足时，心灵就能感受到这种平静。"

审美价值是审美客体的某种审美属性对一定审美主体审美需要的满足。自然物如果不具有特定的、能满足人观赏需要的自然属性，就不能成为主体的审美对象，也就无所谓审美价值。美是一种价值存在。美的存在为审美价值的产生提供观照对象，从根本上说，则是主体对客体对象感性形式满足主体审美需要的程度所给予的情感判断。审美价值满足了人类精神深处和灵魂深处的心灵渴求，平衡了人的感性和理性，释放了人被压抑的人性，使人真正地感到充满诗意地栖居在大地上。

审美价值直接影响到人的精神领域，在意识形态、价值观念、道德准则、身体机能诸方面可产生正面的特殊反应和愉悦感受，会给人类的个体、群体带来普世的公益性。奇石的赏玩、收藏就是一种持续的审美体验，奇石本身形象的不确定性、形态的模糊可辨性和鉴赏中想象空间的无限性，均可为收藏者带来审美愉悦。大多数奇石具有普遍的审美特性，或造型显具象美、抽象美，或纹理呈图案意蕴，或质地致密坚润，或色泽赏心悦目，只要通过人们慧眼审视的选择，恰当的配座和陈设，在鉴赏中注入审美经验和情感，赋予历史人文内涵，创造出生动的趣味性和高雅的观赏性，则皆具有一定的审美价值。此时的奇石通常或多或少地扮演着审美主体主观情感的审美载体作用，许多常见奇石亦可达到这样的审美效果。

梁启超曾极而言之地说:"'美'是人类生活一要素——或者还是各种要素中之最要者,倘若在生活全内容中把'美'的成分抽出,恐怕便活得不自在,甚至活不成。"梁先生实际上将人的审美活动对于生活与生命的意义,即审美价值的重要性与绝对性讲透说绝了。

奇石作为雅俗共赏的收藏品,其价值如同古代文物一样,不是随着消费时间的增长而逐渐消失,而是随着消费时间的增长而逐步增值的。奇石除了它本身的种种价值,还在于其特别经历,即它会因不同的收藏者而形成不同程度和含量的附加值,这就是收藏品的人文价值,从价值形态上讲,便有了其特殊的附加值。如石圣米芾所拜过"石丈"的一方约高8尺的巢湖石,至今仍在,并受到米芾曾任知军的安徽无为县人民政府的妥善保护,成为中国石文化史的一块圣物。

人文价值指礼乐教化的作用。《易·贲》:"观乎天文以察时变,观乎人文以化成天下。"《北齐书·文苑传序》:"圣达立言,化成天下,人文也。"中国的赏石观总体侧重于人文,人们通过主观情感对观赏石的倾注,将其观赏要素人格化、艺术化、理想化,使之成为精神寄托的情感诉求载体,产生修身养性的功效,以此奠定其在社会生活中的精神文化意义,成为人们珍视的陈设品、收藏品。

二、云锦石的价值分析

(一)云锦石的收藏价值

云锦石与其他奇石、根雕、蝴蝶、贝壳等自然收藏品以及人类艺术品一样,自身具有丰富的艺术性与观赏性,能够使人产生心理愉悦,带给人以美的享受和收藏的乐趣,自然而然地成为人们青睐的收藏陈列品。云锦石不仅是天然艺术收藏品,可供人们鉴赏、把玩,而且具有营造文化艺术氛围、美化生活环境的实用功能。这种大众化的观赏价值、收藏价值是云锦石最直接、最基本的价值形式,也决定了大部分云锦石的收藏常态和命运归宿。云锦石因还具有文化价值、艺术价值、珍稀性与奇异性等,因而具有传承意义的终极收藏价值。奇石文化本来就含有一定的祈愿纳福之义,云锦石则因云纹天雕图案与云锦织物上的吉祥图案风格颇为相似,与古代云气图案形神酷似,因此也借光云气纹文化的吉祥意味而被赋予了吉瑞之气,于是带给人们一份难得的喜悦心境与吉祥祝福,使云锦石收藏又添加了一种略带神秘味道的积极价值。此外,云锦石可加工成精美绝伦的另类系列工艺品,于是云锦石的审美价值、文化价值、收藏价值、经济价值等随之也自然叠加倍增。

(二)云锦石的审美价值

在第五章至第七章中,我们已从多视角考察、赏析了云锦石的自然美所呈现的各种表现形式与美学形态特征。云锦石异常丰富的审美价值,在于其天然雕塑独特、鲜明的形式美与艺术性,在于对其天然情趣的发现美,无论觅石过程中对其观赏要素的发现,或是赏石活动中对其人文内涵亮点的发现,都可带给人们无与伦比的艺术美感与畅快淋漓的精神愉悦。

决定云锦石审美价值与经济价值的物理物质因素还有体量块度、稀有度、奇异度等。体量块度是指观赏石的体积,也称体块。云锦石的体量块度一般不太大,标准、理想的观赏云锦石体量规格约在30cm大小,因为这个体量块度适宜置于案头,40~50cm大小已是大体量型的云锦石品。

稀有度即指某奇石品种资源的稀有程度。人类艺术的最高境界也就是再现、妙造自然,而人们对艺术活动的最高评价也就是"巧夺天工"、"鬼斧神工"而已。奇石的稀有性,一是看其存世总量是否稀少,二是看其绝对的不可再生性。稀有度反映的是量的供求关系,云锦石独产于湖北恩施,现有资源业已开采殆尽,精品产出量与存世量均十分有限,属于稀有度极高的珍稀石种。

奇异度即观赏石的奇异程度,是记录与标示观赏石奇异程度的指标,属于最为难得、最为宝贵的价值尺度。不过,奇异度是一个原则性的概念和指标,还需要制定一套科学的、可细化的具体鉴别方式、审美元素、评判标准等,才具有可操作性。如比较、评判奇石形态的具象度,有人提出"基本相似、相似、亚酷似、酷似"等标准与等级。天赐美雕云锦石以其形态的高具象度等多方面难以置信的奇异度,给予人类灵性的启示超出了人类大脑的想象能力,它宛如一面神奇的镜子,使得世间一切人为艺术顿显造作,就连那些无数令人引以为傲的雕塑画作、诗词歌赋,在它那美妙绝伦的形象和深厚而神秘的内涵面前似乎也显得苍白。

英国哲人培根在论及数学之美时说过:"没有奇特的奇异性,也就不存在与众不同的美。"作为一颗完美理想的奇石新星,中国云锦石最令人惊叹、最令人折服的"奇特的奇异性"在于:一是以诡奇的多重包裹层的蛋体结构,破天荒地颠覆了常规奇石的结构构造模式、形体形态概念以及形成构成规律;二是以酷似人雕且远远胜于人雕的天雕艺术之美,神秘地为人类创造、展现了一道古今中外绝无仅有的自然美、地质美之奇迹大观;三是以巧然极似古代吉祥云纹雕饰为标志的"天然石雕矿床"形式赫然现世,其惊世效应与无价份量堪比阿拉伯童话中"阿里巴巴"式的地下秘洞宝藏豁然大开;四是云锦石中具象石之多、具象度之高、具象美之奇、具象内涵之丰及其形成原理根由神秘叵测而不可思议,竟然达到严重违背自然规律和思维逻辑而达于难以置信的诡异程度;五是集珍稀观赏石种与工艺美术石材于一身,即云锦石与云锦石工艺品同时幸为得天独厚的"双美双绝",乃属于"鱼与熊掌可兼得"的理想美事,并以云锦砚等文房用具非凡的质色与别开生面的另类特征,造就出一类精美绝伦、可典藏传世的国礼级奇石工艺品。

以上"奇特的奇异性"即为云锦石奇异度的突出表征,也是上天赋予云锦石巨大审美价值的特殊亮点。天下凡有奇闻异事,必多好奇之人。人类的审美心理中,总是潜藏着对于刺激感官、震撼心灵的某种企盼与关注。渴求了解奇异事物的形态、内涵、意趣并执著地探讨、揭示其中的真相隐秘与来龙去脉,已成为人们奋发向上的一种重要的内在驱力,也是每一位美的追求者的性格特质。云锦石不仅以丰富多彩的自然美满足了人们观赏、收藏的需要,而且以其奇特的奇异性和突显的奇异度在极大程度上满足了赏石者追求神奇美,且义无反顾地去寻根觅源的心理需求。

云锦石乃上苍赐予人类的奇珍异宝,历经亿万年地质运动的孕育造化、沧海桑田的锤炼洗礼而获得千奇百怪的形态与非同凡品的质色;大自然的伟力将云锦石表雕刻成纷繁瑰丽、云谲波诡、韵律回旋的纹饰,构成千变万化、令人荡魄动魂的艺趣和图像;其视觉形象标新立异、别具一格,整体艺术图式不仅存在着明快的节奏感与律动感,而且在视觉传达中具有完全的陌生化,因而给人们的视觉心理带来强烈的新奇感与巨大而热烈的审美期待值,是雷同化等千篇一律的艺术品所无法比拟的;云锦石独特的审美价值拥有不断被发现、被扩展的空间,它那奇幻无比的天生丽质既能瞬间争夺众多眼球,令人迷离陶醉,又可持久地展现魅力,释放魔力,即使纵情久久凝视观摩,一遍遍反复鉴赏把玩,皆能常看常新,兴致盎然,也绝不会产生一般意义上的审美疲劳,从而带给人们无穷无尽的美感与乐趣。云锦石之震撼心灵又奇绝不衰的自然美感与艺术魅力,正好雄辩地验证了王朝闻先生特为恩施清江奇石所题写的那句权威经典的赞评词:"石奇与否既在于石也在于人之感受,对我来说,不在形而在神之耐看性。"

我国奇石文化借助创造艺术的价值及规律来审视和规范赏石活动中的审美意向,使得奇石美起到了沟通自然美与艺术美的作用。云锦石的天然雕塑特征与人为雕塑特征相似得混同莫辨,使我们明明知道它是自然的产物,却又情不自禁地、甚至不可抗拒地把它当作人为雕塑艺术品来欣赏收藏。因此,对于云锦石的欣赏能自然地把我们导向艺术美,加深我们对于艺术美的欣赏理解。如要深刻欣赏云锦石的天雕美,最好对于雕塑艺术的相关知识有所了解,尽可能多地品读中外著名雕塑作品,并懂得雕塑艺术的一些基本规律与雕塑语言;同样,通过欣赏、鉴评云锦石的天雕美,也有利于深刻理解雕塑艺术美。可以说,云锦石的审美价值又体现在它无形中充当了沟通自然美与艺术美之间的中介与桥梁。正如王朝闻在《石道因缘》中所说,观赏者能不能进入深层次的赏石境界,一个重要条件是需要掌握艺术知识。于是他言道:"观赏石虽然不是书法、绘画或雕塑,但如果赏石者能够具备观赏书法、绘画或雕塑的审美经验和能力,具有相应的高尚的审美趣味,更有可能成为赏石的内行。因为艺术品和观赏石虽然属于人工与天工大不相同的两种对象,但它们的美丑特征对观赏者的感知却有一致性。"这里涉及到一个人的奇石鉴赏能力,即鉴赏者在奇石鉴赏活动中的审美心理活动能力。奇石鉴赏能力是一种综合性能力,是各种审美心理活动的综合体现。审美心理活动包括感觉、知觉、表象、联想、想象、判断、思维、理解、情感、意志等诸多审美心理因素,其中,审美感知力、审美想象力、审美理解力和情感的内在动力是奇石鉴赏活动中四种主要的心理功能。

(三)云锦石的科研价值

奇石世界"极大无所限,涉小概能容"。石头的历史与地球同步,具体到任一石种,动辄上亿年之久。奇石首先提供了作为地质科研标本的意义,以及该标本的地域意义;奇石还传递了地质研究的未知信息,某些特殊地质现象的发现,也提供了地质学新的思维触点。

现代奇石文化是一门返璞归真、追求自然美的社会文化活动。奇石学是介于自然科学与人文科学之间的、交融着多种知识的新学科,是现代自然文化、生态文化、信息文化、园林艺术发展的产物。人们在赏石过程中,不仅可欣赏到观赏石的形式美、意境美,还可探究组成观赏石的基本要素中遗留的密码信息,并运用有关的自然科学和社会科学的理论、经验和方法,研究和探讨观赏石美的成因缘由之谜,以及揭示观赏石在形成过程中的地质规律等,以便达到审美价值的最高境界——科学美的发现与享受。对于云锦石的研究也涉及到自然科学和人文科学的诸多方面,如地质学、岩石学、矿物学、水文学、第四纪学、美学原理、奇石美学、心理学、雕塑艺术学、雕塑美学、图案美学、工艺美术学、博物学等。

本课题通过对云锦石的研究开发拟达到以下目标:完成对云锦石的物化检测、矿物鉴定,弄清云锦石的化学组成与矿物组成,探讨云锦石的地质环境、形成成因与形成过程;剖析云锦石自然美的形态特征与审美价值,尝试建构云锦石鉴评的标准,为争取获得国家地质部门、奇石界对云锦石作为新奇石种的正式认定提供基础文献;探讨提高云锦砚等工艺品生产工艺水平,以创造出"中国云锦砚"新特砚种品牌;提出科学开发与保护云锦石资源的决策参考等。云锦石研究课题的成果不仅对促进产地奇石文化与奇石产业的科学发展具有积极的意义,而且对中华奇石文化事业也是一份微薄的贡献。

(四) 云锦石的经济价值

商品价值指的是商品内在的本质属性,商品价格以商品使用价值为度量依据。奇石的使用价值主要取决于人们从鉴赏、收藏奇石中所获得审美愉悦的程度。经典经济理论将自然时间作为价值尺度的内在逻辑,同质化的抽象分析是其基础,而静态性和封闭性是这种分析的基本条件,但是这种同质化的抽象分析所形成的传统的劳动价值理论有时也无法解释现实中的个别现象。奇石是大自然的伟力跨越时空造就的自然艺术品与特殊商品,属于如同黄金、钻石、田黄石稀有资源等上帝给人类的无私馈赠,其经济价值构成主体并不取决于活劳动和物化劳动的转移,而主要取决于自然赋予奇石的审美价值、收藏价值之高低,以及审美主体所发现和附会的人文内涵意蕴,故奇石商品的价值评估、经营理念、成本核算等策略应随着市场的行情通达权变,无须囿于常规固习。

云锦石作为珍稀商品观赏石,具有可观的经济价值和投资增值的潜力。云锦石自1996年被发现开发以来,从视为普通藏品到贵为高档藏品,高级外交、社交、商务、公务礼品,云锦石的整体价值已增加了10~20倍以上。据几位在恩施做生意多年的上海老板透露,几年前,一名台商石友曾决然以一套一百多平米的单元房换取他酷爱至极的一方云锦石精品,一时传为佳话。此实例与明代米元章当年以灵璧研山换豪宅的故事颇有些类似的味道。

价格是用抽象数字表示的实用价值和经济价值。云锦石的价值与价位不断增高并非因人为意愿或凭空炒作所致,而是云锦石作为珍稀资源和高档藏品,随着市场供需关系的变化而产生的自然增值。这里既有供需双方对其价值评估的契合,也包含社会财富积累对云锦石实际价值的认同度。

由于多种因素制约,目前产地奇石产业链较为原始,经营方式单纯,行业规模小,社会赏石氛围淡薄,以及产地内外至今对云锦石的珍贵性缺乏客观的足够认知,无形中暂时抑制了云锦石的市场发育,从而导致目前一方面买方认为云锦石的价格价位偏高,另一方面与一些被热炒的奇石品种相比较,云锦石价格价位又与其本身的价值存在严重失衡的偏振现象,即仍然远远背离、大大低于其实际价值。

各种物品除开其暂时价值外,还有永久价值,也可以称为自然价值,市场价值在经历各种变动以后,总是趋于恢复到自然价值。当诸因素相互抵消后,各种商品围绕它们的自然价值进行交换。某些珍贵物品以稀缺价值作为它们的自然价值,稀缺价值也是垄断价值。独产于恩施的云锦石、云锦砚等工艺品奇质异美,属于富含稀缺价值、垄断价值的收藏品,因而具有很大的市场竞争力与增值空间。根据存世藏品总量极为有限和对云锦石的潜在的旺盛需求趋势,可以谨慎地预测:随着产地的交通条件的大为改善,以及人们对云锦石误会的烟消云散,有可能逐渐形成一波新的"云锦石"热,导致云锦石供需矛盾的尖锐突出;中国云锦石及其工艺品将会继续增值,其市场价位自然要不断跃升,凡有远见的云锦石投资者无疑将会获得可观的利润回报。那么,中国云锦石也许会成为奇缺的高雅收藏品和高端用户市场的标志性奢侈品,故一石难求、高价竞求的局面无形中可能会不期而至。

(五)云锦石的科普美育价值

席勒说过:"若要把感性的人变成理性的人,唯一的途径是先使人成为审美的人。"审美教育的目的在于力图廓清人们对审美需要和审美价值的种种歪曲,形成良好的、发达的审美趣味和真正的美的审美理想,以训练我们去观赏、感受最大限度的美。

奇石自然美的发生与传播是一种使精神超越、使灵魂自由、使人与自然和谐的文化教育活动。通过奇石收藏的相关活动来开展地质科普、奇石文化和进行美学教育,这是引导民众,尤其是青少年接受中华奇石文化、精神文明熏陶的理想形式与有效途径之一。云锦石既显示出异彩纷呈的自然美与艺术美,具有丰富宝贵的审美价值,又蕴涵着许多神秘的、趣味盎然的科学谜团,通过组织云锦石的收藏鉴赏与科普科研活动,可以引导民众,特别是青少年了解云锦石的形态结构特征、矿物组成、化学成分及其成因等地质知识,同时让他们体验、发现云锦石"不是艺术品,胜似艺术品"的美学特征与审美价值,从而使他们自觉热爱家乡、热爱自然、投身自然,达到健体养身、开阔视野、陶冶情操及启迪智慧的目的。原中共中央政治局常委、全国政协主席李瑞环同志在上海参观石展后极为感慨并明确指示:"这个展览应让中小学生来参观,这是爱国主义的好教材,让他们知道我们祖国还有这么好的宝藏。"

(六)云锦石的文化品牌价值

英国文化人类学之父泰勒在1871年发表的《原始文化》一书中明确定义:"文化是一个复杂的总体,包括知识、信仰、艺术、道德、法律、风俗,以及人类在社会里所得的一切能力与习惯。"中国人对文化的理解十分简洁明了,那就是以"文"化人。文化的内核乃是人性在自由自觉的境界上体认自身,由自然的人向文化的人转变,可以说是人类追求文明的目的。庄子说:"生生者不生,物物者非物。"文化的价值所在,永远是背后那个超越物欲、空灵高尚的精神境界。人类区别于动物本能的文化实践活动,都是自觉的意志行为,都有着既定的实践目的。人类在实践中创造文化客体、创造客体的文化效用价值的同时,也创造了自身和对象的文化价值。

知识经济时代使大量流行艺术符号越来越被加工成知名产品品牌,传统消费品因而日益因其高文化附加值而行销全球。如米老鼠和唐老鸭的形象早已不是仅仅存在于动画片中的卡通形象,而是主题公园的娱乐形象、孩子们心爱的玩具。其文化品牌价值已达到数百亿美元之巨。迪斯尼便是文化产业品牌化的最成功范例。塑造文化品牌的秘诀在于差异化,使产品具有可持续发展的品质,把商业价值、审美价值、文化价值、收藏价值等融合在一件文化产品中。一个品牌的价值远远不止于它的物质层面,而更在于它所蕴含的文化精神内涵。品牌文化触动着消费者的心灵,也创造了品牌价值。品牌离不开文化的支撑,一个品牌没有文化价值,或没有挖掘出自身文化价值,这个品牌就失去了根基。

各地琳琅满目的奇石品种是支撑我国悠久奇石文化的物质基础和价值无限的审美文化资源。

每一石种,特别是如灵璧石、太湖石、英石、昆石、雨花石、大理石等名石,不仅为博大精深的中华奇石文化繁荣延绵作出了突出的贡献,而且对于产地知名度和美誉度的提高、传扬功不可没。如以石名为县名的灵璧,人们一听"灵璧"二字,心目中立刻矗立起一座座刚健伟岸的灵璧石峰;便想到灵璧石曾被乾隆皇帝封为"天下第一石";好似见到了南唐后主李煜的至宝"研山"及米芾为研山所作的千古墨宝《研山铭》:"五色水,浮昆仑。潭在定,出黑云。挂龙怪,烁点痕。极变化,阖道门。" 2010年10月29日举行了第四届中国宿州灵璧石国际文化节投资项目签约仪式。此次活动现场累计签约项目59个,总投资额204.36亿元。项目内容主要涉及煤电能源、煤化工、农副产品深加工、加工制造、机械电子以及文化旅游等诸多产业,有力地带动了宿州市的经济发展。这就是奇石作为特殊文化品牌的品牌效应所释放的无限魅力和巨大威力。可见,富有感染力和视听冲击力的石文化品牌,无疑是产地价值无限的经济软实力。

中国云锦石独产于碧波荡漾的清江之滨,已成为恩施的一大自然宝藏和特殊的文化品牌。云锦石作为文化品牌已不仅仅是一个奇石品种,它已被赋予了太多的文化内涵与审美价值等多种价值。中国当代的赏石活动,是五千年华夏文明的延伸,是在东方文化和经济发展背景下产生的一种精神需求与现代人生价值观在奇石上的折射。奇石的价值主要体现在"文化"上,它的终极消费形态不是物质的,而是精神的。只有最接近人类艺术品、与人类文化艺术相融通的奇石才属于最有价值的奇石,而中华石文化的内涵,最终都体现在中华民族人文精神与优秀文化传统上。

云锦石正是最酷似、最接近人类雕塑艺术品、最能体现中华民族人文精神与优秀文化传统内涵的奇石。中国云锦石作为恩施奇石文化第一品牌,可充当恩施旅游最具奇异性和影响力的纪念品与形象品牌。其巨大的品牌效应不仅能提高恩施的知名度、美誉度与吸引力,还能从一个特定的视角,有效地增强恩施民众的自信心和自豪感,有利于精神文明建设和社会的全面发展。云锦石的艺术价值、文化价值、审美价值、科研价值相对于其有形价值,乃是一种不可忽视的潜在价值,的确属于可以物化的精神力量。云锦石及云锦石文化这种对于整个社会的潜在扩张力和精神渗透力,可培养人们在赏石过程中感受美、鉴赏美和创造美的能力,使得人们在自我确证、自我完善的追求中,实现情感与心理误区的超越,延伸人们心灵的疆界,熔铸美的情感和高尚的情操,这就是云锦石的文化品牌与终极收藏价值之所在。

有感于中国云锦石举世无双的天雕美与巨大的审美价值,中国观赏石协会寿嘉华会长特为云锦石题词,高度赞美评价云锦石:"云锦奇石,恩施独帜。"仅仅这一个"独"字,其蕴藏的含金量是无法估量的,其拥有的信息扩散价值也是愈久愈强愈新的。

奇石与文物艺术品相似,它是时代的精神文化产物,是不可再生的有限自然资源,随着收藏时间增长,会附加更多的人文信息。云锦石的价值,尤其是精品云锦石的价值,将会随时间演进与知名度扩大而递增,其中云锦石的文化艺术价值将是其新的增值要素。只有充分考量云锦石资源本身的独特性和市场需求,对资源进行深度挖掘和整合规划,打造、树立云锦石独特而强势的文化品牌,才能使奇石资源优势转化为产业优势,进而支撑奇石文化与奇石产业的持续加速发展。

为了把云锦石打造成真正的恩施文化品牌,并使其充分释放出强势的品牌效应,体现出最大的品牌价值,摆在我们面前还有许多必须要完成的基础工作,其中当务之急在于大力宣传云锦石神韵万千的自然美和无比丰富的价值,让这一旷世瑰宝成为恩施的一张金光闪闪的文化名片。

第十章　中国云锦石的采掘与收藏

一、云锦石的采掘

矿产资源是指经过地质成矿作用，埋藏于地下或出露于地表，并具有开发利用价值的矿物或有用元素的集合体。矿产资源属于非可再生资源，其储量是有限的。商品性观赏石作为一种特殊的矿产资源，和宝玉石一样是属于国家的宝贵财富。

由于云锦石埋藏于清江河漫滩的砂砾层或泥砾层中，深度约1～4m，有的地点还有坚硬的砂砾石胶结层覆盖，故要从地表开挖采掘到有价值的云锦石并非易事。河边采沙石的农民得知云锦石的价值后，他们在采沙石的同时也挖掘云锦石。先是少数人参与，随后挖掘云锦石的农民逐渐增多，因此他们便从只采沙石作建材卖的农民变成了采掘出卖奇石生财的、真正意义上的"石农"了。在长达十多年的采掘过程中，产地石农们冒严寒战酷暑，吃苦耐劳，不仅为云锦石的开发开采作出了很大贡献，而且通过不断学习，积累经验，自身也从对奇石文化与奇石审美毫无兴趣而转变成为奇石美的发现者和奇石资源的开采者。

（一）云锦石采掘的基本方法和操作环节

1. 采掘坑的开辟与维护

在发现蕴藏有云锦石的河漫滩中开辟采石坑，产地的石农之间有一定的协商与默契，原则上是以家庭为单位，资源共享，各自为战，互不影响。一般的采掘坑至少要挖到$3m^2$大小，深度至少2m左右，这意味着为开辟一个云锦石采掘坑，首先必须将覆盖的泥砂层、胶结的砾石层挖开，大约要挖掘出数方沙石，其中含有大量笨重的卵石。这些卵石形态各异，十分沉重，难以搬动，也不易累叠。但是必须将它们在采掘坑中垒成石墙，或将它们搬出坑外集中存放，以保证作业安全和扩大采掘坑的作业面。石农们必须在坑底作业，坑边土石层又很不牢固稳定，在施工中受周围外力震动，随时都有垮塌致伤的危险。三步岩边（图2-1中标示的B点）就有一石农因云锦石矿坑垮塌而受重伤。如遇天降大雨或上游大龙潭水库放水，致使江水水位上升，甚至江水猛涨，那么，已开挖好的坑就会被洪水冲毁或被泥沙淹没填平，石农不得不在水退后清坑或重开新坑，这意味着为此要付出许多无用功。石农采挖云锦石的劳力投入和时间成本大约要占全部成本的70%以上。

2. 从砾石之间的泥沙中去发现和取得云锦石

埋藏于地下的云锦石，无论大小或形态各异，其外面一般都有较厚的黄色粘土状残留物层将其包裹。所以，一旦发现黄色粘土岩状砾石，则其中很有可能是原生的云锦石。于是，石农们在欣喜的同时，便集中注意力小心翼翼地用双手将砾石从沙砾层中掏挖出来。如果马虎大意图省事，直接用工具去撬挖砾石,则很有可能在未到手之前就会损伤残留物层里面被包裹的花纹。实际上在采掘云锦石的过程中,因大意而误损坏云锦石造成遗憾的事时有发生,而一方云锦石一旦被损坏,则此石基本上即成废品,那么,为此石所投入的先期成本便在无形中白白损耗。

3. 初步清理所采到的云锦石

通过挖掘实践,石农们逐步了解到云锦石的特点,也掌握了初步清理云锦石的原则与方法。首先将云锦石置于柔软的地面,或在石下垫上编织袋或草团;然后,用锐器细心地刨刮,以去除石表的泥沙;若云锦石有凹陷、空镂部分,还须将其中填塞的泥沙掏出,以使云锦石显露出基本形态;再用钢丝刷或尼龙刷(视花纹硬度而定)反复刷去表面的粘土状残留物层,让云锦石表渐显现出花纹,暴露出其本色;如果矿坑中积有渗水,有的便就地用水刷洗云锦石,或将云锦石拿到江边刷洗,以更有利于显示、辨识云锦石的质色花纹。

以上工序完成以后,石农们随即将刚出坑的云锦石置于坑边待价而沽,可供专程来寻购云锦石的石友们挑选了。此时的云锦石在灿烂的阳光下经晾晒或习习的江风吹拂,水汽渐渐蒸发而去,其石色愈加鲜亮,形态轮廓、纹理图案、风采寓意等大概都可一一呈现出来。而立于矿坑中喜获石宝的石农与围观凝视采掘过程而待购的石友,均在心目中打量品评着一个个刚面世的天然雕品,不知不觉进入对于云锦石的审美状态之中。

云锦石的开采挖掘是一项超强度的劳动,同时又是一项要求十分细致耐心的工作。从初期开采直到十多年之后,石农们都是用一般平时挖石淘沙的工具挖锄、铁镐、铁锹等,再加上清洗整理云锦石的铁刮、铁锥、软刷、硬刷之类来完成采掘。从实际的采挖情况可看出,砂砾、泥砾层中形成的云锦石总量并不多,云锦石的采集率、合格率也不高,而云锦石的精品率更是十分低微。

关于恩施清江的民间传说中,有一个情节与俄国大诗人普希金《渔夫和金鱼的故事》十分相似,说是一位渔夫田阿公在清江里撒网打鱼意外网到一只金鸭子。鸭子哀求渔夫放掉她,并许以三次报赏为谢。当贪婪的胡知府得知后,便千方百计来谋夺金鸭子,结果金鸭子以其神力兴起滔滔洪水冲垮府衙,胡知府落得个印丢命毙的下场。如今,想不到传说中的"金鸭子"又神奇地出现了。不过,不是渔夫网到的会说话的金鸭子,而是洪水随意冲来的云锦石宝。有时夏季天降大雨,洪流滚滚从清江上游狂泻猛扑而来,将大龙潭河岸边带泥包层的云锦石冲至麻纺厂河滩,当地石农中的幸运儿或许从中可捡到价值数百、数千元、甚至超万元的精品云锦石。俗话说"天上不会掉馅饼",可清江的洪涛巨浪却会瞬间神奇、无赏地赐给人们一只被黄泥所包裹的"金鸭子"!清江的洪水之所以能将体量较大较重的云锦石夹裹冲到下游又完好无损,其秘密在于原生态的云锦石皆被坚实的残留物层所严密包裹,一则相对降低了云锦石的比重,洪水的动能势能可以将石体快速顺利运送至下游低洼处,二则盔甲般的残留物层起到了相当于婴儿胎衣的庇护作用,保证了云锦石在洪流剧烈冲击夹裹下安然无恙。云锦石这种借洪水之势赐宝的奇观美事,我们且称之为"金鸭子童话",算是云锦石文化的小小花絮。近几年,一些好奇心强的云锦石友特地在大暴雨洪峰之后,及时赶到麻纺厂河滩去亲自验证过神奇的"金鸭子童话",结果十分灵验,几乎均有所获,皆爆惊喜!

(二)云锦石采掘地的逸情趣事

云锦石分布在大龙潭以下清江数公里沿岸,涉及到恩施市小渡船办事处所辖的旗峰村、红庙经济开发区所辖的桂花村的几个村民小组，总人口数千人。这里的村民人均拥有耕地不多，在云锦石未被发现以前及至今，一般以种植水稻、玉米、蔬菜、树苗等农林作物及养殖家畜家禽为业，其主要副业收入靠淘挖清江沙石、下河打鱼、外出务工、跑运输等维持。如石农常年为运沙石的汽车上沙石，每上一车沙石，仅获得几十元报酬，而采掘到一个质色较佳的云锦石的收入可超过上一车至几车沙石的报酬。经过连续十年采掘出卖云锦石，当地石农皆增加了一大笔经济收入，加快了其脱贫致富的步伐。部分一直坚持采掘云锦石的石农的户年平均卖石收入在数千元至万元不等，有好几户石农卖石收入达数万元、十几万元。

恩施是少数民族地区，这里山河如锦似绣，百姓勤劳淳朴，待人诚恳友善，堪称礼仪之邦。自从在清江河漫滩发现、开采云锦石以来，石农就和云锦石及云锦石石友结下了不解之缘，在十多年云锦石的开采过程中谱写了一曲奇石文化与精神文明的和谐乐章。十多年光阴在挥手之间远离我们而去，但昔日发生在清江河曲的采石、觅石情景却常常令人回味留恋。无论是春夏的朝晖，还是秋冬的雾晨，石友们三三俩俩搭乘市公交车来到江边。石农们则早已开工挖开了矿坑，有的手气好已有所获，有的则揭开盖在昨日未运回家的云锦石上的编织袋或草团，于是云锦石交易早市便开始了；石友与石农之间、石友们之间一见面则热情招呼道早，然后各自忙碌开了，或在挖过的矿坑中寻觅石农的弃石，或围聚在采掘坑边蹲守，耐心地观看着一个个云锦石的出土问世；如某采掘坑突然爆发出一片大声惊呼喝彩，石友们闻声则一窝蜂向那里奔去，若采出一个精品或奇巧的象形石，则皆大欢喜，甚至旁观者之欣喜远胜于石主；石友买石从不争先恐后，总是先来后到，互相礼让，若先者不买，后者才递补，似从未见无理争买抢购石者；石农卖石大多出价合理，不会不切实际地漫天要价，石友购石也很通情理，如看上某石便向石主询价，或一口价，或略还价，结果大多可以顺利成交。

有时挖出了一个包裹泥层较厚的云锦石，从外表看又难以断定其优劣，于是有好事者则鼓动为此石打擂斗石，也叫赌石。"赌石"本是翡翠行业中的一种古老的特殊交易手段，也是指翡翠原石的仔料，即翡翠的砾石。由于砾石表层有一层风化皮壳的遮挡，看不到石之内部的情况，目前也没有仪器能穿透其皮壳，故无法知道毛石内部的翡翠成分。因此，在交易中，人们只有根据皮壳的特征和在局部上开的"门子"，凭自己的经验来推断赌石内部翡翠的成色。于是，人们只能靠打赌斗石，致使先盲目成交后，即由买家先承担风险，然后来验证它的质量与价值。自古"赌石"如赌命。曾有很多人因为赌石而一夜暴富，五子登科；也有人因赌石而一夜致贫，流落街头。

云锦石的斗石、赌石，当然不可与赌翡翠同日而语，只不过与其性质相同而已，其结果对赢家或输家皆不造成过大损失，故无甚风险可言。先由石主将被厚厚的泥沙完全包裹的一个体量较大的云锦石置于采石坑的边缘，并亮出一个价码，然后看谁自愿承购此石，当然此刻无须按先来后到的顺序，谁愿参赌一试皆可自报"我来"。接下来在石农、石友的怂恿和起哄中，即通过一番半开玩笑的斗石、赌石，其中一位出一个较高的价格或按底价便可竞拍到此石。一旦成交，众人便把注意力焦点从挖石者引向赌石获胜者，至于购得此石者除去泥砂后的云锦石之优劣到底如何，那就要看买家的运气了。对于云锦石的赌石逸事，曾有小诗一首咏之：

    白璞翡翠地与天，巨富乞儿一赌间。

    云锦泥石掩真容，戏斗后辨媸或妍。

唐代大诗人杜甫有一首七律《江村》，其中写道：

清江一曲抱村流，长夏江村事事幽。

自去自来梁上燕，相亲相近水中鸥。

大龙潭、旗峰坝的水色风光与杜诗所描绘的江村的良辰美景和迷人意境可谓几近神似，当然诗中的"清江"意为"清水之江"，并非如恩施的"清江"，乃为江水的大名。曾记得，那一个个江村的长夏，石友们在碧波荡漾的清江之滨自由自在觅石的日子。时而在烈日下漫游寻找或在石农采掘坑旁守候，被晒得汗流浃背，满面赤红；时而躲到灌木丛中的阴凉下，坐在草坪中或刷或掏，整理刚刚购得或觅得的云锦石。其间，石友们兴奋地品味着云锦石的图纹、造型、质色、魅力、意韵，相互鉴赏、评判、炫耀、嫉妒着各自所获得的云锦石宝；灿烂的阳光下，澄碧的江水汩汩奔流，波光闪闪，四周幽然静谧，花香肆溢，蝶舞蜂鸣，江风阵阵袭来，暑热吹散大半；石友们谈笑风生，畅快淋漓，好不惬意，有的石友随身还带有渔网钓具，以便随时兴起时下河捕鱼；成群结对的燕子飞来飞去穿梭不停，清江边或稻田里，江鸥在自由自在地休憩觅食。雪白的羽毛、流线型的身姿、铁色的长喙、青色的高脚，这一群群天使般纯洁清高的精灵们，以蓝天青山、水色云影为背景，构成了一幅生机盎然的广袤画图；突然，彼岸淘沙船的马达一声轰鸣长啸，划破了河曲时空的寂静，被惊扰了的江鸥群起而腾飞，一只只优雅白丽的身影轻盈地掠过蔚蓝色的高高天幕。于是，眼前的风光似乎由一幅清新恬静的景观画在顷刻间变换成声色并茂的视屏图像了。

晴空万里，骄阳似火，江流滚滚，空气清爽，鸡犬之声相闻，蝉蛙合奏入耳，人们挥洒苦咸的汗雨忙碌着各自的生计，原野上吹拂着从稻田里传来阵阵带有黄鳝泥鳅腥味浓浓的风。幸运的恩施石友们"近水楼台先得月"，一个个不费太大工夫与投入，便可觅得举世无双、精美绝伦的天赐美雕云锦石，称心如意，皆大欢喜，不知不觉便忘却了炎炎夏日酷热时光的悄然流逝，纷纷在落日的橙色余辉中乘兴而归。此情此景，如梦如幻，如痴如醉，石友们尽情享受着无比美妙的江村夏日风情，心中充满了回味悠长、陶然忘机的欣喜，便情不自禁地想起古代先贤们那些爱石赏石的佳话，以及与大自然和谐一体、水乳交融的传说。

恩施的云锦石友当然无法像"不为五斗米折腰"的陶令那样，每日享受一边吟诗醉卧醒石的怡然自得，或如"天下第一石痴"米芾那样，在幸运获得南唐后主李煜的"灵璧研山"后，竟三日抱石而眠，陷于极喜癫狂状态；然而，十余年深陷云锦石情结而陶醉沉迷的恩施石友们所获得的审美感受丰富多彩，所悟透的人生哲理深沉良多，心中充溢的无穷快意、无比满足绝不亚于白居易酷爱太湖石、苏东坡酷爱雪浪石的心旷神怡；也绝不让于孔子弟子那"暮春者，春服既成，冠者五六人，童子六七人，浴乎沂，风乎舞雩，咏而归"的曾点气象；也绝不逊色于王右军们于兰亭丽日中"仰观宇宙之大，俯察品类之盛，所以游目骋怀，足以极视听之娱，信可乐也"的无限风光与君子情怀。

二、云锦石的收藏

（一）云锦石的整饰

中国云锦石是由大自然造就出来的类艺术品，即所谓"天然雕塑"。当石农们将云锦石采掘出土时,其直接目的是出售,故他们的责任只是保证云锦石的完好无缺,所以只需对石进行简单的清理即可,而对于云锦石进一步清理、整饰则自然由石友们自己完成。

1. 云锦石整饰的目的和原则

云锦石整饰的目的主要是为了清除附着在表面的杂质杂物和溶蚀后残留的黄色粘土状残留物层,使其显露出花纹,供人们收藏鉴赏。整饰中应注意以下原则:一是整饰中应保证云锦石花纹层免遭损坏,同时尽量将各种杂质清除干净;二是切忌动用机械手段对云锦石进行切割、打磨等人为加工,随意改变云锦石的本来形态,也无须以酸碱等进行化学处理。

2. 云锦石整饰的工具

云锦石整饰的工具主要有:弯头铁刮、扁嘴锤、尖凿、钢丝刷、尼龙刷、毛刷、砂布、钢丝球等。

3. 云锦石整饰的方法

鉴于云锦石多孔洞幽穴、暗槽曲纹,要想把藏在其中的溶蚀残留物等各种杂质掏挖干净,相当费时费工,因此必须专注耐心,十分细致。云锦石的清理整饰分为刷刮、掏凿、刷洗等环节。

(1)刷刮。主要指用铁刨、钢丝刷、尼龙刷、硬毛刷等工具,削刮、刷除外面的附着物和粘土状残留物层,初步露出花纹层,为以下继续全面清理、整饰做好准备。

(2)掏凿。原石溶蚀程度高的云锦石,多形成深浮雕或镂空型云锦石,花纹间有大小不同的缝隙、孔洞被粘土状残留物充填,必须将其去除才能展现出完整的形态和花纹,一般的刷、刮不易去除;有的云锦石花纹上粘附着细沙子、石子和铁锰硬结核,影响观赏,刷刮也不能去除,还得靠切切实实的掏凿才能达到清除干净的目的。

"掏"和"凿"是两个不同的工序。"掏"是用尖细的铁锥和弯头的铁刮掏挖藏在大花或镂空云锦石洞缝中的粘土状残留物,尤其是镂空透雕型云锦石,必须尽量小心地掏空里面的残留物;"凿"是用钢凿、扁嘴锤敲凿粘附在花纹上的小石子、沙子或铁锰结核。"凿"的过程更要小心翼翼,以免因粗心大意而损坏花纹。持凿的手用力要得当,对准恰当的位置,用小锤或钢凿敲凿,另一只手要将云锦石扶在软性垫子上,或只用手掌托住石体敲凿才不会失手伤石。因此,由于凿石很有可能伤及花纹层,只要黏附在云锦石上的小石子、沙子不多,无伤大雅,为保险起见,石友们也就任其自然地存留下来。

(3)刷洗。经过初刷洗、掏凿,除去大部分粘土状残留物和杂质,基本上可展现出云锦石花纹和它的全貌,但还需要进一步多次反复地精心刷洗。

全包型云锦石,根据花纹硬度,用钢丝刷或尼龙刷刷去杂质和粘土状残留层后,用清水洗净,干后再用尼龙刷、硬毛刷和软毛刷刷去泥尘。对于花纹空隙间的灰白色粘土,不能将其完全除尽刷净,以保留花纹与留白之间的色差对比度。

半包型和大花型云锦石,精细刷洗时应尽量展现出花纹,花纹间的灰白色粘土状残留物层也不要完全刷洗掉,而要保留薄薄的一层,其目的一是不致使过渡层或石心裸露,二是增加全石的对比度,使花纹层更显清晰。

镂空透雕型云锦石刷刮、掏凿后,先用清水洗刷干净,干后也可用尼龙刷或硬毛刷精细刷去多余的灰白色粘土状残留物,较宽的部分用细砂纸轻轻打磨,再用软毛刷除净粉尘,用水冲洗干净。

整理云锦石的过程,实际上也是发现、鉴赏云锦石自然美的过程之一。刷洗云锦石的花纹,掏挖云锦石的花间孔洞中的填充物,其工序和动作颇有点像民间雕塑匠人在创作雕刻作品,但实际上并未改动和伤及云锦石本体。这种与众不同的玩石法却有极大的吸引力与强烈的刺激性,一旦觅得一精品石在手,石友们则会废寝忘食地掏挖刷洗半日,甚至数日,反复侍弄,精益求精,直到满意为止。也许是云锦石的天生丽质与天雕魔力神奇地征服了云锦石石友,解不开的云锦石情结致使石友们个个对这一类似石雕陶艺的活儿趋之如鹜,乐此不疲,陶醉沉溺,仿佛传说中那些个自命不凡的职业雕塑家、陶瓷艺术家在忘情享受梦幻般的"雕塑时光",在精心打造千古不朽的牙刻石雕艺术杰作一般。

(二)中国云锦石的配座

1. 云锦石配座的基本作用

奇石悠悠,佳木为座。奇石需要配座是从园林石进而转为厅堂几案石之后,历经千年,至今已成为一种规定定俗。一个没有与之匹配的底座相托的石品,则不能算完整意义上的奇石。正如汉唐石窟佛像雕塑的莲座,可衬托显示出主体庄严雄伟气魄,元明清瓷器、玉器等艺术品的雕座,可显示出文玩的古典韵味,从而提升其艺术层次与审美价值一样,奇石配座的重要性有过之而无不及。宗白华说,雕像石座的作用在于造成间隔化审美的条件,奇石配座的效果亦然;美国艺术家罗森布鲁姆认为,中国奇石的底座是一个戏剧化的重要装置,是文化与自然的巧妙结合,也是奇石有别于其他艺术品形式的最大特点。中国云锦石配座的基本作用在于托立石体、烘衬主题、装饰美化、藏拙补憾等。

2. 云锦石配座的原则要求

观赏石配座从无定规,一石一座,自成一格。配座之前,先要认真鉴赏,揣度,琢磨每一需配座云锦石的形状、风格、品貌、色彩及意韵,从而方可确定配置何种式样的架座较为适宜。底座的形状、风格、尺度、材质、色彩等应与石品的形态内涵相辅相成、相得益彰。

(1)主从分明。奇石与架座之间的关系,永远是主与从的关系。石是主体,是鉴赏的根本对象,是首要的审视目标和品评的主题。石座则是石的附庸,是为石的观赏服务而存在的。配座艺术最重要的原则是分清主次,做到宾主有别。石为主,座为宾,宜"烘云托月",而忌"喧宾夺主"。

(2)比例协调。云锦石的置放,应根据最佳观赏角度,采取横置、竖置、倒置、斜置等摆放方式,架座的设计也应依据该石的主体形象及体量来选配。尤其要注意石与架座之间各参数的比例协调,应以基本符合黄金分割率为原则。黄金分割具有严格的比例性、艺术性、和谐性,蕴藏着丰富的美学价值。应用时比例值一般取1.618。

据经验,石座的高低宽窄以及与石之间的适当比例可参考"九字诀",即"地包天,一比三,实对虚。""地包天"是指架座的长宽大小,即石座所占面积应与石的垂直投影面大小一致;"一比三"是指架座高度与云锦石高度的比例约为一比三,即座高一般应在石高的1/3以下,可视具体石品的情况取1/4~1/5,但不能太低;"实对虚"是指架座雕花空镂度与云锦石花纹的空镂度要成为负相关的关系。实与虚的关系源于古人所讲的阴阳学说,强调一切事物要做到阴阳平衡。为石配座也要力求虚实得当,盈亏协调。比如石表为浅浮雕花纹的云锦石,那么相对而言为该石所配木座的雕纹应当偏深偏空一些,即"虚";反之亦然,空镂度较大的云锦石所配木座的雕纹则应当偏浅偏细一些,即"实"。以上"九字诀"只是一般的经验,具体到每方石品,则应根据实际情况变通处置。如石的正面较宽却不厚重,上下形状也不对称,那么配座的宽度可适当比石小。对人物具象石的配座高度把握,徐忠根先生的经验可供参考:人物呈站立状,底座高度宜为石体高度的1/5;人物呈坐势状,底座高度宜为石体高度的1/3;人物头像、胸像石的底座高度宜为石体高度的1/2,高高托起,突出主题,能达到铜雕、石膏塑像般的艺术造型效果。

(3) 色调和谐。云锦石架座与石的色彩若搭配得好,则对于加强观赏效果立竿见影。架座的色调只宜一座一色,或以木座的本色涂上清漆为一色,或涂上国漆、各类单色化学漆为一色。阴沉木石座切忌上漆,宜上蜡磨光或涂以茶油等植物油较为理想,或仅以布带直接拉磨至光泽效果亦佳。黄花云锦石大多色调富丽明快,宜选配色调较深的冷色谱漆为架座上漆。青花云锦石大多色调沉着深暗,宜选择色调较浅的暖色谱漆为架座上漆。

(4) 形态匹配。根据不同形态的云锦石,为了设计选择好一个匹配的架座,其设计之艰,制作之难,非行外人士所能理解。尽管劳心劳力,耗材费财,多次返工重来,往往还不尽如人意。架座形态样式最为讲究,皆应根据需配架座石品的形态特征、主题意韵和定位安放方式来确定。奇石与架座的形态要照应匹配,组合要和谐得体。一方栩栩如生的飞鸟具象云锦石,如随意配上一个呆板的劣质板座,给予观赏者的印象必然是了无活力的呆鸟,若将石座设计成仿树枝形或象征鸟足的仿杯足座,其观赏效果则平添了几分生气。

3. 云锦石座的木材选择

恩施历来是本省的木材主产区,森林覆盖率达62%,盛产各种优质工艺木材。目前石友们用于制作石座的木材树种主要有如下几种:

(1) 阴沉木。阴沉木是数千年至万年前,一些埋入淤泥中的部分树木,在缺氧、高压状态下,细菌等微生物的作用下,经过漫长的不完全炭化过程而形成,故又称"炭化木"。阴沉木历经大自然千万年磨蚀造化,岁月沧桑,使其天然形状怪异,仪态万千,古朴典雅,其质地坚实厚重,断面柔滑细腻,耐潮、有香味,万年不腐不朽、不虫蛀。其切面光滑,木纹细腻,上蜡并打磨得法可达到镜面光亮,有的上乘阴沉木质色已近似紫檀。清袁枚《续新齐谐·阴沉木》载:"阴沉木,湖广施南府(注:即恩施)属山中土产。此物悉掘地得之,名阴沉木,质香而轻。体柔腻,以指甲掐之,即有掐文,少顷复合,如奇楠。"

(2) 柏木。常绿乔木,树皮淡褐灰色,树干通直。柏木有多种,以黄柏木为上,其它次之。柏木色泽黄润,木质细腻,抚之如幼童肌肤,做成石座别有风韵。香柏木珍稀名贵,古朴典雅,色泽鲜丽,木纹清晰,材质坚硬,密度大。表面具有丰富的自然木节,充满艺术气息。

(3) 樟木。樟树是恩施市的市树。樟科樟属,又名香樟、香樟树等。是提炼樟脑、樟脑油(樟脑酊)、芳樟醇最重要的树种。樟木是一种很好的建筑和家具用材,不变形,耐虫蛀。民间多用来制作家具、木制品和家庭装饰,适合用来雕刻佛像等艺术品,自然也适合制作云锦石座。

(4) 楠木。据《博古要览》,楠木有三种:一是香楠,木微紫而带清香,纹理也很美观;二是金丝楠,木纹里有金丝,是楠木中最好的一种,更为难得的是,有的楠木材料结成天然山水人物花纹;三是水楠,木质较软,多用其制作家具。金丝楠是非常珍贵的石座优质良材。除以上树种可用来作石座材料外,还有稠李(苦桃)、黄杨、银杏、桑树、椿树、乌桕、油茶树、核桃、板栗、梨木、花果树、桦木、花楸等杂木。

4. 云锦石座式的设计

云锦石座的制作过程大致是：设计座式—挑选座材—缘石划线—挖凿座坑—锯成座坯—雕刻座饰—座脚安装—打磨上漆。阴沉木等优质材座打磨完成即为成品。石座一般需要有艺术眼光的木工师傅制作，最好还是请具有传统木雕技艺的工艺师制作。下面介绍一些常见的石座款式。

（1）平板座。这是云锦石商、石友最为普遍采用的一种座式，多用一般的杂木制作，形制大方，工艺简单，一般无雕饰，仅有水平棱线花边，也有的在周边随意刻上一些简单的花纹加以点缀。平板座制作容易，成本较低，如设计合理，做工优良，与其他座式一样可提高奇石的观赏价值，但大量采用这一经济座式潜在的理由在于，云锦石的收藏是处于市场交易的动态中流转，最终的藏家定会以较大的投入为其所钟爱的藏品选配一个与之匹配的永久性精致艺术架座，故中间环节无须加大石座成本投入。

（2）雕花座。云锦石的雕花木座是将传统的木雕技艺应用于云锦石石座的制作中，实际上是把石座当成木雕工艺品来设计生产，而且对其材质选择、设计式样、工艺水平与艺术性的要求愈来愈高。传统装饰纹样经过数千年的创造积累，已成为一个图饰文化的艺术宝库。在设计制作雕花石座时，对于图纹花样的选择应遵循其传统的寓意、技法与风格。吉祥图案皆已约定成俗，"图必有意，意必吉祥"，若不顾石之主题，随意采用，胡乱搭配，则会达不到预期的装饰美化效果。如释迦牟尼、观世音等佛像的法座一般为莲座，那么，为形似佛像、观音的具象云锦石配座也应配莲座，否则便有点不伦不类。

（3）根艺座。恩施处于群山万壑之中，蕴藏着无比丰富的盆景根艺树种资源。云锦石石友中不少人同时又是盆景根艺爱好者，因此便利用搜集的根艺、树结疤等材料为云锦石配备自然天成的架座。为云锦石配根艺座多只需利用制作盆景、根雕的弃材，加上树瘤竹蔸等为料。这类"七分天成，三分人工"做成的云锦石底座，纹理雅致，形态丰富，基本上觉察不到人工痕迹，也是一种既有创意又经济的座型。根艺座的设计制作主要是通过艺术构思和艺术创造，为石选根配座，其座式只能随石遇根而安，略加创意改造即可。恩施常用的根座树种有油茶、橘木、杜鹃、黄荆、紫薇、柿树、栎类、竹根等。

（三）云锦石的题名

1. 云锦石的题名原则

作为奇石作品的有机组成部分，"题名"是奇石审美的一个不可或缺的因素，是指用诗意的明比、暗喻的简明文字，激起欣赏者的联想、想象和幻想力，将欣赏者导入一个象外之象审美境界的途径，也是寄托自己情志的艺术手段。云锦石集图纹石与造型石的特点于一身，纹形皆富于变化，内涵意蕴深邃，大部分云锦石的题名难度较大，石友们往往为此绞尽脑汁也难以达到满意的结果。一般来说，为云锦石立意题名应遵循以下原则：名"石"应相符；形象须鲜明；内涵宜深刻；言简而意赅。

2. 云锦石的题名方法

在观赏石题名的创作过程中，人们主要是通过对观赏石形式美要素和画面的限制认识思维，而后以观赏石表征为据，通过对时空的发散思维，并加入自身经验及文化和艺术知识的积累，进行构思、立意、联想、渐悟而产生灵感,最后创造出石我合一、形神兼备的题名。张训彩先生针对灵璧石的特点,总结了灵璧石题名的具体方法有直观题名法、借用题名法、移植题名法、引申题名法、特写题名法等;顾鸣塘先生则按奇石类型划分为具象石、抽象石、特异石、图案石和色彩石题名五类。这些宝贵的经验与探讨都值得参考借鉴。现根据产地石友们为石题名的实践经验,介绍造型云锦石、图纹云锦石、景观云锦石题名的一般方法。

(1)造型云锦石。如仅从题名的视角而论,所谓造型云锦石是指那些被偏重于欣赏其造型美为主要意向的云锦石,可分为具象云锦石与抽象云锦石。

1)具象云锦石。因一般都具有比较明显的具象形象,故其内涵较为容易解读,主题较为容易确立,所以不太可能出现因误读石像而造成石名不符的结果。主题一旦确立,剩下的问题主要考虑选词择句的思路和方法。常见的赏石题名方法大致可分为直接冠名和间接命名两种。除少数具象云锦石题名可以直接冠名,如实描述标明外,绝大多数题名都应通过间接命名方式为宜,即尽量采用含蓄、委婉、诗化的题名,否则就会显得过于直白,缺乏文化品味。如一方鹰形具象云锦石,其形态如雄鹰般栩栩如生,刚毅威猛,还配有一个松树形的雕花阴沉木座。如直接题名"雄鹰"、"山鹰"之类,显然过于简单平淡,味同嚼蜡,若借用成语典故,题名为"志存高远"、"一展鸿图"之类,或借唐代高越的咏鹰诗句"雪爪星眸世所稀,摩天专待振毛衣"中之任一句用作石名,则该石品的主题内涵便鲜明深刻得多,文辞也含蓄雅致得多,还能给赏石者留出一定的想象空间与品味余地。

2)抽象云锦石。奇石抽象美所产生的神秘氛围、浑厚意趣看似存在某种程度的模糊、隐晦等不确定状态,抽象形式寓于具象形态中,具象元素又能产生抽象的艺术语言,抽象和具象这两种形态水乳交融,恰到好处地传达出一般人难以会意的美感。鉴于奇石抽象美表象形式的模糊性与内涵的隐蔽性,抽象云锦石题名的最大难点与困惑在于不太容易读懂、悟透、判定一个石品的主题。这需要下很大的功夫,通过反复地观察、鉴赏、品读,从石形石像中发现某石某些潜在的突出特色或亮点来,并在此基础上,选择、创造一个恰当的、有文化品位的题名。

抽象云锦石皆如一件件各具情态、意蕴丰富的天然石雕艺术品,或纤秀多姿如玉树临风,或狰狞怪诞似鬼神呈威,或群峰危耸类李煜之研山,或镂雕嵌空若乾隆之青莲朵;或如白居易以生花妙笔刻画太湖石之抽象情态,其"厥状非一:有盘拗秀出如灵丘鲜云者,有端俨挺立如真官神人者,有缜润削成如珪瓒者,有廉棱锐刿如剑戟者。又有如虬如凤,若跧若动,将翔将踊,如鬼如兽,若行若骤,将攫将斗。风烈雨晦之夕,洞穴开颏,若欲云歔雷,嶷嶷然有可望而畏之者。烟霁景丽之旦,岩墆霱怿,若拂岚扑黛,霭霭然有可狎而玩之者。昏旦之交,名状不可。撮要而言,则三山五岳,百洞千壑,覼缕簇缩,尽在其中"。

抽象云锦石的情态百象通过审美主体的鉴赏、解读,若其抽象意蕴的精灵一旦闪现显露,石品内涵主题被洞察窥透,再加上联想、想象,并赋予相关的人文内涵,则石之题名便会随之翩然浮现于脑际,倏然跃于纸上。如一云锦石藏品,石体为一多层水平状立体花纹重叠构成的全镂空抽象云锦石。整体略斜向上,框架构形和谐,其间散布、飘逸着自由舒卷、美不胜收的朵云状、云气云线状花饰,意境空灵缥缈、神秘莫测,使人觉得仿佛眼前就是一架传说中伸向苍穹的天梯,或许顺梯而上便可有幸踏入神圣的天街一般。观赏者在惊叹于此石的结构奇巧、精美绝伦外,还会自然联想到李白奇诡的诗句及其美妙的意境:"尔来四万八千岁,不与秦塞通人烟。西当太白有鸟道,可以横绝峨嵋巅。地蹦山摧壮士死,然后天梯石栈相勾连。"于是"天梯"之名便随之脱颖而出。李白诗句中所说的天梯当然是一种浪漫的艺术想象,谁知美国电梯研究公司真的计划在10年内建造一架从月球上空50 000km处通向月球的"月球天梯",其想象力简直与科幻小说无异,实令人震惊。看来,笔者将此石题名为"天梯"并非漫无边际的胡思乱想。

(2)图纹云锦石。因图纹云锦石的图案大多具有神奇玄妙的抽象美,故也可将图纹云锦石基本归入抽象石之列。若在一些图纹云锦石的图案中奇巧地显现某些实在的具象内容的话,则可视其为图纹石中的一类——具象图纹石来题名。图纹云锦石上纷繁万变的三维纹理,线条大都是自然协调、均衡相当、浑然一片的,在同一方云锦石上的颜色也大都是一致的。要从层层叠叠、密密麻麻、云谲波诡的石面图案中发现与整体石面不相同的单体画面也不是立刻就可以一目了然的。这好比眼科医生用色谱图卡检验人有无色盲一样,非色盲者当然一眼就可辨别出异色部分图形,而色盲者却无法立刻辨别出来。云锦石图案中的具象部分如果正好是异色的,凡无色盲的观赏者皆可轻易识别,如果是清一色的图纹图案,则就要靠赏石者各自的鉴赏功夫了,但只要具象图像客观存在,经过反复审视,总是可以识别出的。如S君的一全包浮雕云锦石,在主观赏面的重重云气花纹图案中,赫然生成了一只轮廓鲜明、形姿生动的凤凰形象。百鸟之王那高标独立、玉树临风、傲视四野的英姿和石面精致瑰丽的图案浑然一体,犹如一幅霞光万道、"有凤来仪"的缥缈仙境,吉祥而威仪。于是,此石便获得"金凤玉立"的命题。

若需对大部分抽象图纹石命题,其难度则较之对于抽象造型石命题更高,这要根据各石品石面的图案显现出什么奇景幻象,透露出什么寓意意境,经反复观照、体验、联想、想象而构思以谋定。那些灵动万变的雕纹恣意铺陈,或似江汉河曲水网荡漾天际,或如荒原野火烈焰正借势春风,或显杜稿钟隶、漆书壁经之文脉史迹,或环波层叠如一石激起千层涌浪……面对种种神秘奇幻的图纹大千世界,审美主体联想思绪的微妙触角一旦与图纹中突出的、抽象意味的蚕丝蛛网粘结沟通,则便会碰撞、滋生出创造性思维的火花,一个理想的命名也许瞬间会闪现跃出。抽象图纹云锦石"史卷"(26cm×17cm×15cm)曾参加2001年武汉全国第五次石展。此石形体沉稳,石面曲美,周身布满酷似象牙的低浮雕图纹,古色古香,精致细腻,色泽富丽,充溢动势。图纹斑斓诡奇,意蕴神秘幽深。从那重重叠叠的五彩云阵中,仿若有几多天光水色与历史风云涌动集合于一瞬,犹如雄浑壮阔的时代画卷,具有深沉的历史沧桑感和浓重的时空雄浑美,令人产生无限幽思与遐想,或如子昂登幽州台而发"前无古人后无来者"之咏叹。唯有"史卷"之题名方可反映出该石品的磅礴气象与深邃意境。

(3)景观云锦石。所谓景观云锦石,是指石体主观赏面石表的天雕图纹数量、形态、构成、分布与一般的全包型、规整型云锦石存在差异,不宜作为标准的图纹云锦石赏玩,但就其实质而言,所谓景观云锦石其实还是应归属于图纹云锦石的范畴。正是这一特点使得这类云锦石的图案往往阴差阳错,自由布局,可随意形成一幅幅类似自然界的景观或人世间的图像。审美主体通过艺术欣赏中美感心理活动的联想、想象、幻想,从看似纷杂无象的画面中,发现、提炼、构思出一幅幅生活中已有或可能有的景色物象,或如"天之涯,海之角"、"小桥流水人家"、"窗含西岭千秋雪"、"明月松间照,清泉石上流"、"舟逐清溪湾复湾,垂杨开处是青山"等时空实景或诗化幻象。这些景观图像通过视觉的再现,其内涵主题也会在脑海中渐渐酝酿、合成、升华而成为一幅幅虚实莫辨的良辰美景,于是,一个个可反映某一景观意境的石名便产生了。

关于无须命名云锦石的问题。一个好的命名,犹如画龙点睛,能使石品增色添彩;或如点石成金,能使石品价值连城。但并非所有的云锦石皆可获得一个美名,对于那些难以命名的石品,不必挖空心思去勉强题名,只能无可奈何地任其自然而然处于无主题与无题状态。正如王国维所言:"诗之三百篇、十九首,词之五代北宋,皆无题也。非无题也,诗词中之意不能以题尽之也。"这也像一些交响乐,如贝多芬的《第五交响曲》、莫扎特的《g小调第四十号交响曲》,因为难以用恰当、鲜明的命名提示它的主题内涵与美的意境,所以干脆不题名,只标出它的调性曲式,或只写编号即可。

总之,若要真正读懂一方石头的内涵,就要专注欣赏它、透彻感悟它,沉静期待来自空灵的一种灵感,那时,合理美妙的命名便会从圆融体悟的境界中自然诞生。

第十一章 中国云锦石的欣赏鉴评

一、云锦石的欣赏

(一) 奇石审美欣赏的意义

奇石的审美欣赏、鉴赏之义在艺术上称为接受。康德说过:"鉴赏是通过不带任何利害的愉悦或不悦而对一个对象或一个表象方式作评判的能力。"奇石的欣赏是人们对奇石艺术形象的感受、理解、评判、接纳的过程。奇石的审美价值是通过对奇石的欣赏产生出来的,离开人们的欣赏活动,奇石的审美价值就无从体现。人们在奇石鉴赏过程中的思维活动、感情活动,一般都从形象的具体感受出发,实现由感性阶段到理性阶段的认识飞跃。在这一过程中,既受到奇石形象、内容的制约,又要根据自己的审美经验、审美理念和兴趣爱好对形象加以补充和丰富。赏石是欣赏者的审美意识与奇石双向的审美信息交流活动,是自觉与非自觉意识,还包括潜意识对奇石产生审美注意、联想、想象后,由于奇石与自己的审美理想、审美趣味相契合而产生的情感活动。

从美学的角度来说,奇石欣赏就是审美主体对于奇石这一审美客体的审美观照和审美判断,属于奇石文化与奇石美学的核心内容。张晶先生认为,在某种意义上说,审美观照是审美活动中最为关键、最为本质的环节,它的存在是审美活动与一般认识活动相区别的标志。审美观照是审美主体与客体之间所发生的最为直接的联系。审美观照是以一种视觉直观的方式,对于具有表象形式的客体进行意向性的投射,从而生成具有审美价值的意象。人们对于奇石的审美观照,意味着通过视觉观赏,可以准确地把握奇石自然美的本体的、终极的意义。

(二) 云锦石的审美欣赏

中国云锦石从发现到开采殆尽仅仅十余年光景,因资源与石品产出总量有限,销往各地的云锦石并不太多,因而除产地之外仅少数石友曾与云锦石有缘谋面,大多数石友对云锦石缺乏了解,故有必要对于如何鉴别、欣赏云锦石加以介绍。云锦石虽然具有独树一帜的奇质异美,但仍属于奇石大家族的一员。现参照传统与现代的赏石理念,结合产地石友的经验,介绍一下云锦石审美欣赏的一般方法和体会。

云锦石审美欣赏的要点在于,一是突出云锦石属于特殊天然雕塑的特征;二是围绕构成云锦石自然美的形、质、纹、色、象、意等要素去感受、理解、评判、接纳不同品级的云锦石个体。这里的云锦石个体,是指从埋藏点挖掘出来,经过清理整饰、配座而成为观赏品的云锦石。

(1) 对石品进行查验、鉴别,判断所面对的石品是否为完好、合格的云锦石。云锦石由于结构构造和外部特征明显突出，与其他石种相比，很容易加以区别辨识，也无法作伪造假。云锦石最为突出、最为奇特的特征便是石表具有与石心质色均异的花纹层，天然生成的浮雕状云气纹、云水纹展布其上，酷似人工精雕细刻的牙雕石刻杰作。审视云锦石的主观赏面及其全石，看是否存在花纹层及石心的残缺破损，以完好无损为基本要求，以精致完美为理想所求。

（2）根据石品的具体特征，并咨询产地内行石友，来辨别该石品属于云锦石家族里的何种类型。譬如是青花云锦石、黄花云锦石，还是杂色云锦石？是原始产状云锦石，还是冲刷后的云锦石？是浅浮雕还是深浮雕，或是镂雕花纹云锦石？因不同类别云锦石的外部特征不同，其品质也有差异，因而其审美价值、收藏价值及经济价值也不尽一致。

（3）主要是将构成云锦石自然美的形、色、质、纹、象、意六个要素归纳为形色、质纹、象意三个视角进行具体赏析。"形色"即指该云锦石体的轮廓造型是否和谐入眼，具有美感，有无理想的主观赏面，有无刀疤痕、自然裂缝、尖突处等缺陷败笔。石色是单色还是复色，色调明快亮丽还是灰暗低沉。"质纹"即指该云锦石花纹层的硬度是适度还是偏低，质地纯净还是杂陈、粗糙还是细腻，浮雕花纹的分布、深度、曲度、丰度、自由度及动感程度如何。"象意"是指该云锦石是具象石品，还是抽象石品。石体呈现的图像、物象、形象，其形是否奇巧，其态有无情趣，其状有无具象，有无欣赏主题。意，指该云锦石的意境、意蕴是否明晰或费解，深厚或浅显等。

（4）在对云锦石的形色、质纹、象意三方面具体赏析的基础上，进行全视角的整体鉴赏，以便作出综合性的总体评价，在审美主体的心目中评判出该云锦石品审美价值的高下优次。一方云锦石品如果形色、质纹、象意三方面都不错当然最为理想。不过，对于凡具有罕见形状、色彩、纹路、具象、意趣的云锦石，不一定也不可能奢望求全，只要其主特征、亮点十分突显，其它方面的要求则可相应放宽。如具象云锦石《金鸳回眸》，其具象度已达到酷似程度，形神兼备，惟妙惟肖，栩栩如生，虽石体上的浮雕花纹较浅，但仍属于极其珍贵的具象云锦石精品。

在云锦石的鉴赏过程中，感受作为审美的出发点，理解作为审美的认识性因素，其中介、载体或展现形态则是靠联想、想象。联想是由当前所感知的事物回忆起有关的其他事物，是在神经中已经形成的暂时联系的恢复，想象则是在头脑里改造记忆中的表象从而创造新形象的过程。王朝闻先生说过："石之奇与不奇，也要看赏石者在各种情势之下观赏它时，能否依靠自己的想象、体验和揣测，逐渐发现崭新的意象，引起令人惊异的愉快感。"自由创造的想象力，作为一种精神性的感觉可以超越动物的感觉能力与物理性的限制，精骛八极，神游万里，创造出气象万千的艺术世界。正如刘勰在《文心雕龙·神思》中所说："故寂然凝虑，思接千载；悄然动容，视通万里；吟咏之间，吐纳珠玉之声；眉睫之前，卷舒风云之色。"镂雕具象云锦石"双姬献舞"中，两位舞者的形态舞姿充满活力，俯仰顾盼，动感十足，舞裙飘飘，彩巾飞扬。其艺术形象使欣赏者一霎那间便被吸引感染，立刻联想到也许这就是那具有中亚风情乐曲旋律中哈萨克姑娘的婀娜舞影，随即又回忆起毛主席观《圆月》舞后所填《浣溪沙》词中"一唱雄鸡天下白，万方乐奏有于阗，诗人兴会更无前"的美妙诗句。于是，此具象石品声色并茂的艺术形象、主题意境便鲜活生动地呈现于前。

欣赏、鉴赏是实现云锦石审美价值的前提，也是贯穿玩石全过程的基本实践活动。"凡操千曲而后晓声，观千剑而后识器。"提高鉴赏奇石的水平主要靠大量的实践来积累经验，同时还要通过学习美学理论和文艺知识来指导赏石活动。云锦石特点虽然大异于一般石种，但只要通过大量欣赏、鉴赏实践,不断积累、总结经验,便自然会成为云锦石的挚友与知音。如何发现并鉴赏云锦石的类雕塑艺术形象,这是对赏石者的文化素养、艺术修养和生活经验的检验。

二、云锦石的鉴评

(一)云锦石鉴评的目的意义

观赏石鉴评是通过对具有自然美的天然岩石、化石、矿物晶体等观赏石进行客观科学的辨识评判活动。观赏石鉴评是赏石批评的重要组成部分,其目的是为了人们取得共同的认知和价值尺度。云锦石鉴评的目的意义即通过正规科学的鉴评,有望取得对中国云锦石共同的认知和价值尺度。

云锦石是一个面世才十余年的新石种,本身又具有一些与其它石种迥然不同的形态特征。尤其是云锦石的结构特殊,比较完整的云锦石有残留物层、花纹层、过渡层和石心等不同的结构层次。灰白色残留物层的硬度、光泽、光洁度、抗风化能力与花纹层或石心显然不同,但它又与其它层次共同组成观赏形态,是除全包型、全镂空型及花片以外的云锦石形态中不可或缺的组成部分。在鉴评这些要素时,是仅仅评鉴花纹、过渡层,还是综合评定?因此,对于云锦石的鉴评不能完全照搬其他石种的模式与方法,有必要创立构建一套符合云锦石特点的鉴评原则、标准和方法。

(二)云锦石鉴评的原则与标准

1. 云锦石鉴评的原则

奇石文化与传统文化艺术渊源相系深厚,故借鉴雕塑、绘画、书法艺术的某些艺术语言与评鉴标准,对制定云锦石鉴评标准大有裨益。云锦石的鉴评原则只需遵循两点:一是国土资源部《观赏石鉴评标准》中所规定的"3.1观赏石的鉴评原则必须坚持'公平、公正、公开'的基本原则,不得弄虚作假,鉴评专家必须严守职业道德,增强责任感,对鉴评工作负责";二是在参照国家一般观赏石鉴评标准的前提下,同时参考借鉴雕塑艺术的鉴评方法与艺术语言,指导云锦石的鉴评实践,再逐步构建适于鉴评云锦石的专用具体标准及其细则。

2. 云锦石鉴评的标准

观赏石鉴评标准对于藏石既有科学引导与文化普及的意义,同时又确立起一定规范,可为观赏石市场的健康发展奠定基础。现参照中华人民共和国地质矿产行业标准《观赏石鉴评标准》(DZ/T0224—2007)的基本原则和内容,结合产地的实践,试拟一个鉴评云锦石的地方鉴评标准,作为一家之言参与探讨,意在抛砖引玉,进一步推动云锦石的审美欣赏与鉴评活动。

中国云锦石鉴评标准(草案)

1. 范围

本标准规定了云锦石的定义、云锦石的分类、云锦石的鉴评要素、云锦石的鉴评标准、云锦石的等级划分等。

2. 术语和定义

下列术语和定义适用于本标准。

2.1 中国云锦石

中国云锦石独产于湖北省恩施盆地清江河段的河漫滩中,是由含硅的泥-粉晶灰岩、白云岩类卵砾石在特定的气候、地形、地质构造和水文地质条件下,经漫长的间歇性溶蚀—凝聚—再结晶而形成的,具有特殊层次结构(强氧化层、次生氧化层、原生层)和观赏层面具有雕塑状云纹图案的珍稀观赏石与工艺美术石材。

3. 云锦石鉴评原则

云锦石的鉴评必须坚持"公平、公正、公开"的基本原则,不得弄虚作假,鉴评专家必须严守职业道德,对鉴评工作负责;由于云锦石具有天然雕塑形态,鉴评中可借鉴雕塑艺术评鉴的相关指标与评鉴方法。

4. 云锦石分类

根据中华人民共和国国土资源部2007年11月1日正式发布的观赏石鉴评的地质矿产行业标准,云锦石产出的地质背景、形态特征以及观赏者的人文意识和审美取向,将云锦石分为以下几种基本类型。

4.1 造型类云锦石

云锦石集造型石与图纹石特点于一身,作为造型类云锦石主要看重各种奇特的造型,其形态和雕塑状花纹充分表现出立体的形态美。

4.2 图纹类云锦石

云锦石作为图纹类云锦石,主要看重由雕塑状花纹构成各种立体的艺术图案,诡奇万变、繁缛瑰丽的云纹图案具有一定的意境和想象空间。

4.3 其他类云锦石

4.1、4.2涵盖不了的其他具有观赏与收藏价值的云锦石。

5. 云锦石鉴评要素

云锦石鉴评要素具体分为基本要素和辅助要素。

5.1 基本要素:形态、质地(花纹层)、色泽、图纹、意韵。

5.2 辅助要素:命题、配座。

6. 云锦石鉴评标准

6.1 造型类云锦石

6.1.1 形态(45分):造型奇特优美,婀娜多姿,观赏性好。

6.1.2 质地(10分):花纹的硬度、光洁度好,花纹间保留的残留物面柔和细腻。

6.1.3 色泽(10分):总体柔顺协调,构型不同部位或花纹间的颜色对比度好;有单色、复色之别。

6.1.4 花纹(10分):石质花纹清晰,花纹间保留的灰白色残留物线条清晰适度;花纹自然流畅,曲折变化与整体造型相匹配。

6.1.5 意韵(15分):文化内涵丰厚,意境深远,含蓄回味。

6.1.6 命题(5分):立意新颖,贴切生动,具有较强的科学性和丰富的文化内涵。

6.1.7 配座(5分):材质优良,比例适当,工艺精美,烘托主题,造型雅致。

6.2 图纹类云锦石

6.2.1 形态(40分):石形和谐,图像清晰,画面完整,有整体感。

6.2.2 质地(15分):花纹硬度、光洁度好,花纹间保留的残留物面柔和细腻。

6.2.3 色泽(10分):色泽柔和,对比度和协调性好。

6.2.4 花纹(15分):花纹清晰自然,质地细腻,曲折流畅,大小、疏密有致;花纹间或空白处的灰白色残留物保留适度。

6.2.5 意韵(10分):构图精美,神形兼备,情景交融,文化内涵丰富,意境深远。

6.2.6 命题(5分):立意新颖,贴切生动,富有文化内涵。

6.2.7 配座(5分):材质优良,工艺精美,烘托主题,雅致协调。

6.3 其它类云锦石(无特殊的造型或图案,但有观赏和收藏价值的云锦石)

6.3.1 形态(20分):石形和花纹无特殊的寓意,但形态优美。

6.3.2 意韵(20分):无特定的意韵,但给人以无限的想象空间。

6.3.3 花纹(20分):石质花纹清晰自然,疏密有致,曲折流畅;灰白色残留物保留适度。

6.3.4 质地(20分):石质花纹硬度和光洁度好,花纹间保留的残留物面柔和细腻。

6.3.5 色泽(10分):色泽柔和,对比度和协调性好。

6.3.6 命题(5分):贴切生动,富有文化内涵。

6.3.7 配座(5分):材质优良,工艺精美,雅致协调。

7. 云锦石等级分类

极品级:总计评分91~100分。

精品级:总计评分81~90分。

上品级:总计评分71~80分。

普品级:总计评分61~70分。

8. 观赏石鉴评证书规定

（1）统一编号；
（2）鉴评单位印章；
（3）注明时间、名称、石种、产地、尺寸、鉴评等级。

附录

中国云锦石评分表

类别：　　　编号：　　　总评分：　　　等级：

序号	项目	标准分	评委评分	鉴评报告
1	形态			
2	质地			评委签名：
3	色泽			
4	花纹			
5	意韵			主办单位签章：
6	命题			
7	配座			
综合评分（满分）		100		

注：评委评分时，参照标准分，根据展品的情况，以每2分为一个减分单位，依次递减。

9. 云锦石鉴评的程序方法

（1）分类鉴评，逐一评分

分类鉴评就是按鉴评标准划分的云锦石种类先将参评云锦石品进行分类，然后再依照各类石品的鉴评标准进行鉴评；逐一评分就是在云锦石鉴评中根据鉴评标准对参评石品逐个鉴评，逐项打分。

（2）初评复评，简化程序

"初评"就是第一次鉴评。所有参评云锦石都要在初评中经过鉴评，绝大多数石品都要在初评中决定出评分、奖项和名次；"复评"是第二次鉴评。复评是为了查找问题，纠正错误。复评是保证鉴评"公开、公正、公平"原则和鉴评质量的一次终结鉴评。

（3）七大要素，综合评鉴

云锦石的鉴评应该以形态、质地、色泽、图纹、意韵、命题、配座七要素为审美的客观依据进行综合评鉴。云锦石的优劣档次划为以下级别：普品、上品、精品、极品。每一个级别都要有以上七个要素的具体条件标准为评鉴依据。最后用七个指标评分来对云锦石进行终结性鉴评，每个指标最高100分，通过7～11名以上的专家鉴评后，加权平均，分值为评价观赏石等级类别的依据。

第十二章　中国云锦石工艺品

一、云锦石工艺品的品类与特色

（一）云锦石工艺品属于石艺类观赏石

工艺品是我国人民为满足自己的物质需要和精神需要,采用各种物质材料和工艺技术所创造的人工造物的总称,是中华民族造型艺术的重要组成部分。作为物质产品,它反映着一定时代、一定社会的物质和文化的生产水平;作为精神产品,它的视觉形象如造型、色彩、装饰等又体现了一定时代的审美观与价值观。一般分为两大类:日用工艺,即经过装饰加工的生活实用品,如染织工艺、陶瓷工艺、家具工艺等;陈设工艺,即专供欣赏的陈设品,如象牙雕刻、玉石雕刻、装饰绘画等。几千年来,基于资源的丰富与文化传统的渊源,各类石雕、玉雕工艺品占了工艺品总量的很大比例。工艺美侧重于线条、色彩、形体、结构等形式因素的和谐,偏重于形式美,尤其追求形体造型与装饰性。

马毅先生认为观赏石分为天然类观赏石和石艺类观赏石两大类。天然观赏石又称自然赏石,是指从自然界中发现、开发的原生态奇石,不施以人为加工的纯天然奇石。人们所欣赏的是自然力对奇石本身的神奇造化所形成的自然美。

石艺类观赏石是指以天然石头为基材,经人工设计、加工制作的石制装饰品、石制观赏品等,是既有观赏性,又有实用性的观赏石。作为一种人文艺术与物质文化的艺术产品,石艺观赏石直接寄托反映着设计者、加工者及收藏者的创作意图、审美情趣、审美观念、人生态度和价值取向。人们所欣赏的是自然力对奇石本身的神奇造化所形成的自然美和人所赋予它的艺术美。石艺观赏石按其用途种类可分为:石器、石雕石刻、珠宝首饰、玉器、文房石、印石及各类石料、玉石工艺品等。

天然观赏石属于奇石文化的欣赏对象,石艺观赏石则属于雕塑文化的欣赏对象或首饰文化的佩饰类工艺品,以及中国玉文化、书画艺术、收藏文化的实用品和收藏品。由于石种质地、性能、形态、成分、工艺要求以及成本等因素,绝大多数天然观赏石不能或不宜加工成石艺观赏石;同样,绝大多数石艺观赏石也不能或不宜作为天然观赏石。只有少数石种既可作为天然观赏石,同时又可加工成石艺观赏石。如灵璧石可加工成石磬、文具、茶具等石艺观赏石。孔雀石、菊花石及珊瑚、三叶虫等化石既可作为天然观赏石,也可加工成部分石艺观赏石。各种玉石、文房石等多加工成石艺观赏石,仅少数可作为纯天然观赏石。

中国云锦石不仅是一个奇幻绝美的观赏石新品种,而且是一种罕见的、极为宝贵的珍稀工艺美术石材,可加工成别具一格的云锦石系列工艺品。云锦石工艺品是以云锦石为坯料加工而成又具有丰富观赏价值的实用品和艺术品,应属于石艺类观赏石。

(二)云锦石工艺品的品类与特色

1. 云锦石工艺品的品类

1996年云锦石被发现前后,宣恩、恩施的菊花石工艺品产业开发正处于兴旺时期。据李家珍等著《中国菊花石》一书载:"宣恩一带菊花石花形变化多样,花形颜色较白,基底黑色,因而对比度强。宣恩菊花石产品多为玩石、镜屏、摆件。"也制作一部分"笔筒、文房组合、菊花石印章、菊花石印泥盒"等文房用具,品种式样丰富多彩,有如掌砚、有龟形、葫芦形等菊花石具象带盖砚、笔洗、笔架、条形镇尺及茶具酒壶等。

当云锦石刚面世不久,有人发现云锦石石心的石质缜密细腻,花纹层上的各种云纹浮雕、镂雕花纹花结具有极强的装饰性,于是尝试利用云锦石制作砚台,结果产品质色优异,风格独特。随后又逐步以云锦石为料坯加工文房系列用具,如笔筒、笔洗、水盂、笔架、镇纸、印柄、印泥盒等,还有酒壶、烟缸之类。在这些云锦石工艺品中,以云锦砚为大宗,产量仅次于云锦砚的有云锦石笔筒、笔洗、水盂三类。

笔筒是中国古代除笔、墨、纸、砚以外最重要的文房用具,其前身是早在唐代就大量使用的笔船、笔床和笔搁。大致到了明朝晚期的嘉靖年间,文人的案头才开始设置笔筒。明代以后,笔筒随之普及。笔筒造型多数为圆筒形,大口大腹易于置笔,也有器口为梅花、云头、卷书、八方等不同形态的。朱彝尊曾写有《笔筒铭》云:"笔之在案,或侧或颇,犹人之无仪,筒以束之,如客得家,闲彼放心,归于无邪。"

笔洗是用于洗笔的器具。各种笔洗不但造型丰富多彩,情趣盎然,而且工艺精湛,形象逼真,作为文案小品,不但实用,更可以怡情养性,陶冶情操。笔洗的形制以钵盂为其基本形态,其他的还有长方洗、玉环洗等。历代笔洗有多种质地,包括瓷、玉、玛瑙、珐琅、象牙等,最常见的是瓷笔洗,多为扁圆鼓形,以青花瓷为多。

水盂为供磨墨的盛水器,据考证,水盂起源于汉魏。宋人赵希鹄在《沿天清录集》中注:"晨起则磨墨,汁盈砚池,以供一日之用,墨尽复磨,故有水盂。"水盂形状多为圆口,鼓腹,亦有塑成象生形的,一般还配有铜或玉质的小水匙。与砚滴的最大区别是有注水口而无出水口。水盂用料以玉、瓷、紫砂等常见,也有陶土、铜质、水晶、玳瑁、漆器、竹木、景泰蓝等多种材质。

云锦石作为一种新奇特异的工艺石料被加工成的文房用品,其功用与其他任意材质制作的文房用品并无差别,只是因其材质特性不同,故其形制设计与加工工艺本应有别。自产地始以云锦石制作工艺品以来,现已由冉懋咸、冉义成等工艺美术师设计制造出一批精美绝伦、别具一格的传世典藏云锦砚、云锦石笔筒、笔洗、水盂等工艺品。如云锦砚"月牙泉"(原堂天生砚)、"丽水"、"夷水"、"贡水"(以上三砚为切片砚)、"凤兮"(易卦砚)、"黄鹤楼"(四套砚);云锦石笔筒"一统江山"、"出水芙蓉";云锦石笔洗"仙姑绣履";云锦石水盂"三江通"等。其中,尤以Y先生所藏笔洗"仙姑绣履"极具特色,乃由一方大型精品青花云锦石为坯加工而成,堪称精妙之品。笔洗造型颇似一硕大无朋的绣花鞋(26cm×12cm×14cm)。笔洗外表全为曲面构成,其上自然散布着典雅的浅浮雕云气纹,其中一片形似牡丹花饰图案恰好生于绣履前鞋口一侧,十分精致突显,如人间良工或闺中巧手精绝绣活;笔洗内腔空灵,坚润细腻,无一瑕疵,灰蓝幽丽,赏心悦目,令人爱不释手。鉴于它的外形颇似一只绣花鞋,如假以想象,恐怕只有那位玉树临风、慈悲为怀的神仙观音娘娘才适配穿它,于是此笔洗便命名为"仙姑绣履"。

2. 云锦石工艺品的特色

云锦石工艺品是利用那些石形或花纹不太适宜于作观赏石,或者因石形和花纹特别适宜于作某种工艺品的云锦石,根据整体设计和艺术构思的需要,保留可保留的天生花纹图案,去除不需要部分,精心加工而成的艺术品。如果说云锦石作为观赏石是属于赏石文化范畴的话,那么云锦石工艺品就已进入工艺美术的范畴了。中国云锦石工艺品的优异品质皆秉承、得益于云锦石的天生丽质,其主要审美特征与工艺性能如下:

其一,天生丽质,自然艺术。云锦石作为观赏石,主要欣赏其妙造天成的自然美,但当云锦石加工成工艺品后,它又被赋予了丰富的艺术美及人文内涵,于是云锦石工艺品便具备了审美价值的双重性。云锦石工艺品既是自然美与艺术美的统一,也是使用价值与审美价值的统一,还包含有丰富的美学因素,如功能美、创意美、形式美、技术美等。云锦石工艺品与其他石雕艺术品比较,其显著区别是它的形态纹饰纯属天生,而非人工雕艺所致,完全保留了观赏云锦石的基本特色与天生丽质。天然雕塑云锦石工艺品的生产流程,只需采用设计、切割、取舍、造型、打磨等基本技艺足矣,不能或者说忌讳对其施以传统砚石雕刻技艺,所以云锦石工艺品总体上仍然以其云锦原石的自然美取胜。

有一种"自然艺术"或"天趣艺术"的说法,如根雕、卵石画、贝雕艺术品等。根雕以天然形态为艺术传达形式符号,加工面不留刀痕凿迹,使自然形态与人工形态融为一体,做到天人合一。多运用抽象、概括、夸张、变型等表现手法,能从天然形成的千奇百怪、丰富多姿的根味中,欣赏到表现对象的生动形态和丰富情感,给人以拙朴、神奇、震撼、愉悦的心理感受。这种以通过艺术构思选择的天然树根为料坯,施以少量人为雕塑技艺制作而成的工艺品,基本上还是属于自然天就的艺术品。云锦砚等云锦石工艺品,也宜列入根雕之类自然艺术品之列。

其二,"因石为器、循石作艺"。物质的自然形式就其不适合人的需要这点来说,还是一种"无形式的物质",工艺造物赋予其使用价值、文化涵义和功能形式,方成其为器,"成形曰器"。由于云锦石个体形态各异,花饰各异,必须根据每一云锦石坯的石形、花饰的具体特征来设计云锦石工艺品的品类、功用、形制及样式。"因石为器,循石作艺"的原旨大义,一是选料要适宜,即因料而定器,若主观盲目随意制器,则难以达到云锦石工艺品上料上品的目的;二是设计要思路奇巧,不拘于陈规旧俗,即充分利用每一坯料的突出特征而谋器,否则所设计加工的艺术品会流于一般化,缺少个性与亮点;三是工艺要精到,即鉴于云锦石形质特殊,设计需要灵感,加工难度较高,必须选择经验丰富、又有艺术悟性的工艺高手制器,否则让技艺平平的一般工艺师加工,产品不仅难以达到质量标准,而且还可能糟蹋浪费稀缺的云锦石上好坯料。因每一方云锦石形质各具特色,即使同一石坯也不可能制造出相同莫辨的多件复品,故任何一件云锦石工艺品均为风骚独具的孤品。

其三,风格另类,品位高雅。利用云锦石的奇巧多变的形态、诡异的天然雕饰、图纹来自然装饰、美化云锦石工艺品,其形制样式与艺术风格自成系列,十分另类,精美绝伦,古色古香,具有历史文物的高雅神韵,故其审美价值、收藏价值及经济价值极高。如云锦石表的天然云气雕纹斑斓绮丽,精致殊巧,使云锦石工艺品颇似青铜器文物的品格韵味;利用具象云锦石的原始造型及其花饰,可制成如鹦鹉形砚、兔形盖钮砚、鱼形笔架、龟形水盂、袋鼠形镇纸等象生形文房用具;利用镂雕云锦石可制成仿镂空竹雕笔筒、仿镂空玉雕烟缸等;利用云锦石的水平层状的中、深浮雕花纹可制成天然雕饰镶边砚台、笔洗、水盂等。

其四,质色非凡,收藏新宠。云锦石工艺品内壁质地细腻,清润如玉,色泽迷人,有黑、白、蓝之纯色或五彩斑斓之复色,外层天然雕饰诡异奇妙,多彩多姿。前文所赞云锦石"内刚外秀的质地美",在云锦石工艺品上体现得淋漓尽致,臻于完美。自云锦石工艺品试销以来,尤为文人墨客所青睐。一些京沪书法大家、丹青妙手见之赞不绝口,视为奇绝神品,故不惜重金孜孜以求,或用作公务、社交、外交活动的高档礼品,或作为文房藏宝之投资对象。

二、中国云锦砚——施砚

(一)云锦砚的奇质神韵

以中国云锦石为坯所制之砚称为"中国云锦砚",因恩施在唐宋时曾属施州之地,故依名砚命名之例,又称"施砚"。正是由于云锦石具有披甲藏胎的结构美、鬼斧神工的天雕美、诡异瑰丽的图纹美、古雅高贵的色泽美、形妙神绝的具象美、意蕴奇幻的抽象美、内刚外秀的质地美及金声玉振的音律美等自然美表现形式,才赋予了中国云锦砚风骚独具的奇质神韵。

1. 料皆子石,砚式殊巧

何谓子石砚?在线新华字典解释为"用子石制成的上等端砚"。宋苏易简《文房四谱·砚谱》云:"端溪自然有圆石青紫色,琢之为砚,可值千金,故谓之子石砚。"然而,大书画家米芾通过实地勘察后,对子石砚之说则予以否定,在其《砚史》"端州岩石"章中指出:"……又遍询石工,云子石未尝有。其在岩中,实于大石板上凿,岂有中包一子者?余尝谓,若溪流中多有卵石,容差褊可斮面磨墨。所谓石子,是因讹为子石。"产于安徽的歙砚亦有子石砚之说,如"天然卵石子石歙砚细鱼子纹荷叶型石砚台"。歙砚子石是指唐朝时因各种原因经人工开采出而后落入溪流中的砚矿石,在溪流的自然环境中经过千年左右的冲磨与浸泡,外形已变得圆浑,较接近卵石的形态,同时外表也发生了明显的变化。被遗弃的砚石材从开采坑口的位置开始入水,在溪流的作用下向下游移动,在移动过程中经历着撞击、滚动、磨砺、冲刷等作用,逐步变化、发育成为外观类似卵石的成熟的仔料。这些砚矿石的外观与品质和坑道中取得的山采石已有了明显的区别。因此,按照鉴赏砚石的传统习惯,人们将其称为"仔料"。其实,歙砚子石料的形成过程似乎也可证实米芾所推测的"端砚子石说"存在的合理性。

如果借用端溪子石砚与歙砚子石砚之说,云锦石的确都是由原岩破碎所形成的单体石块演变而来的卵砾石,而以云锦石为坯治砚,自然就可称为"子石砚"了。因云锦石个体之间在体量、形状、质色、风格等方面千差万别,通过绝妙的设计与精到的施艺,自然造就了云锦砚的砚形砚式多姿多彩,殊异奇巧,卓尔不凡。

云锦砚可分为天生砚与切片砚两大类。天生砚实际上是以体量适中、形体扁平的天然砚形具象子石为坯所制之砚。其中需人工工艺开砚堂者称为凿堂天生砚,而自带天生砚堂者(利用无花纹层而露白色过渡层处加以凿深、打磨即为砚堂砚池)称原堂天生砚。此两种砚式均为数不多,尤以原堂天生砚更是凤毛麟角,可遇难求。如"月牙泉"砚,周身满布精美富丽云气雕纹,天成砚堂环缀丘状花饰,一微型圆雕酷似一尊坐佛背墨堂而禅定,正默祷心语状;堂色青幽,质地细润,如一泓碧水清波嵌于茫茫大漠夕照之中,故以千古丝路奇泉名称之。

切片砚是以子石切片所制之砚,可因石赋形定式,割石为坯,凿坯成堂,堂中开池,随堂配盖。该类又分为边片切片砚、中片切片砚、易卦切片砚、切片套砚等。边片切片砚指一面为子石外层带花纹者,中片切片砚指双面被切割,仅砚围带花边者;易卦切片砚是指将扁平子石一分为二,上盖下砚者,类似古人占卜筮事的卦一般;切片套砚则是指以一敦厚子石所制的多砚相叠成套者,或三套砚、四套砚、五套砚等,并配以精工镂雕木座。此款砚式外观"分而为佳砚,合则乃美石",颇为罕见珍贵,极具收藏价值。还有一种常见云锦砚式,其特点是在边片带花纹的一面或子石坯上开凿随形砚堂,而在砚堂一角凿成一圆形砚池。若俯视砚面,以随形逶迤云线形成砚堂,突兀花边常半掩砚池,则砚堂便如同一片明静的夜空镶嵌于茫茫云海之中,而砚池则颇似烘云中之秋月,故拟通称此式砚为"凿堂烘云托月砚"。

2. 天然"四饰",典雅瑰丽

砚雕艺术是中华石雕艺术中一个特殊的子类。宋代以后文人砚出现,不断将传统文化精神和艺术形式如绘画、书法、诗词、金石等引入治砚中,极大地丰富了砚文化内涵和用砚藏砚的审美价值。作为文房四宝中凝聚文人情愫最多的文玩,悠悠数千年,砚台蔚然而成一道独特的文化风景,美不胜收。砚雕的构图十分丰富,内容广泛,花草树木、飞禽走兽、云霞日月、山川景物、历史典故、金石碑刻、名家书法等无所不容,但凡能表现的都能在砚上见到。

《砚林拾遗》指出:"石产于端而工不善斫,近日官吏饷贵人,命工镂琢,有星宿海、珊瑚岛、龙虎风云、赤云捧日、三台独柱、人物山水等名,状愈工而愈俗,是为石灾。"由于俗工的繁缛雕琢,反而把上品的砚材糟蹋了。还有所谓半雕砚之说,即"别一种不尽琢磨,半留本色,谓之天然研朱,有风韵。"则是指高明的雕工,因材施雕,事半而功倍,真正做到了为砚石锦上添花,名副其实地成为文房的雅玩。

云锦砚与传统工艺雕砚迥然不同,其制作方法的独特之处在于:只对砚石作形制、凿堂、挖池、打磨等基本加工,而无须外加雕龙刻凤等之缀饰,完全显示云锦石的天然形姿、质色、图纹、雕饰等所形成的自然美与艺术美。云锦子石表面纹饰图纹似牙雕骨刻般精致雅丽,子石切片剖面呈典型的圈层构造,层次分明,如同玛瑙切面般坚润细腻,五彩缤纷。于是,云锦子石一旦加工成砚后便自然获得超凡脱俗的天然"四饰"之美韵。

其一,"云带浮雕砚围饰"。即因割石为砚而使石表浮雕图纹转变为带状天雕云纹砚围,纹带随砚形而波动如彩带环绕砚体,带雕图案斑斓绚丽,古意盎然,赏心悦目。

其二,"异彩多圈镶边饰"。即因裁坯为砚而使石心、过渡层、花纹层变为同一横断砚面,在砚堂周边便形成了多层异色平行走向的天然镶边。砚外沿一层天生黄色或青色花纹缠绕,紧接着一圈灰白色残留物层镶嵌砚堂,有的还有灰褐色过渡层圈,再向内才呈现黑色、紫色、银灰色的砚堂面。镶边饰带曲柔飘逸,随着砚堂边缘而围绕,鲜明光洁,使砚堂形状衬托得更为突显、质色更为靓丽炫目。

其三,"三维物象堂周饰"。此饰是指砚堂周围具有天然中、深浮雕及镂雕花纹的装饰效果,即相当于传统砚雕的"雕龙刻凤"花饰之类。但这些三维立体雕饰物是石坯上原生自带的,或具象,或抽象,或如"层岚叠拥,烟云秀出;人物鸟兽,若舞若骞",诡异奇妙,自然生动。

其四,"魔幻罗纹砚堂饰"。显然,云锦砚前三饰之美皆因袭于原石表层浮雕、镂雕等图纹之秀转变而来,而"魔幻罗纹砚堂饰"则源于云锦原石(石心)的层理构造。所谓层理构造是沉积岩岩石沿垂直方向变化而表现出来的层状构造,基本组成单位叫纹层或细层,厚度通常为数毫米或小于1mm,形态有水平状、波状、倾斜状,同一细层往往具有比较均匀的成分和结构,反映了某种水动力沉积特征。此外还有层面构造、矿物结核以及被称为金银线的杂色缝合线等。当砚堂凿成并琢磨光洁后,堂面上便显现种种气象万千的画意、变幻莫测的图像,皆意境朦胧,美不胜收,韵味无穷;砚堂色调异彩纷呈,有漆黑、嫣红、淡紫、米黄、青灰、乳白等色泽,皆纯正清丽可人。

3. 缜密坚润,细腻嫩爽

砚刻之美,无论是人雕还是天雕,并不能成为名砚最根本的要素,名砚应首先取决于砚石的品质须上乘名贵。砚石质量的要求是质地细腻,硬度适中(即摩氏硬度为3~4),易精工制作,具有韧性,因为质地细腻的砚石加工成石砚之后,具有易发墨、不损毫、呵之即湿、墨汁不易干涸等优点,故砚石原料多为泥质、粉砂泥质板岩类,其次为泥灰岩、灰岩、角砾岩等。

云锦石砚是在未溶蚀完的石心部分制作砚堂砚池。经中科院地质与地球物理研究所扫描电镜下鉴定,石心的矿物成分简单,由方解石或白云石组成,含量占总含量的90%;其次有石英,含量占总含量的5%~8%,此外尚有微量的泥质等。石心以粉晶结构为主,含量占总量的70%;次为泥晶结构;矿石具均匀块状构造。因而石质十分细腻,硬度不软不硬,磨墨不滞,贮水不耗,发墨而不损毫,特别适宜于制砚。

云锦石经精细加工成砚后,砚堂光洁温润,砚池坚贞莹洁,细腻似脂,温和滋润,嫩如婴肤,抚之柔和,令人惬意;砚体沉甸,秉性刚健,若以单手五指托砚,以金属棒叩击砚边,则迸发出金声玉振之响,悦耳畅怀,如闻天籁;但那些含泥质较重者击之则缺此乐音。

4. 发墨护毫,贮墨久香

云锦砚不仅精美绝伦,具有极高的审美、收藏价值,而且质优无比,具有理想的使用价值。砚相古雅华贵,砚堂柔嫩清丽,哈气成露,握之片刻则掌中小滋,浮津耀墨;磨墨无声,发墨研细,墨色如漆,惜墨益毫;贮墨不涸,耐腐久香;欲除残墨,一濯而莹。

中国云锦砚作为一新特砚种,不仅拥有以上得天独厚的共性美质,而且每一砚品皆各有千秋,可谓"一砚一神态,千方则千品",即使同一子石所制之砚也不雷同,为用砚藏砚增添了许多文化兴味与审美情趣。

"丽水"砚为一浅浮雕黄花大料云锦石所制中片切片砚。砚体修长(37cm),质色华贵,气派大度,砚围浮雕似山影横亘延绵,环绕砚周;多圈砚面虹彩镶边曲漫妖娆,娇柔亮丽,沁心眩目;砚堂开阔空远,细润清爽,石色青灰无瑕,光彩清幽似可射入心灵深处;奇中之奇者在于石胎中饱含微细金粉,迎光闪烁不定,仿若星汉灿烂,如出其里。砚堂中的微细金粉,可能是原岩石中所含的石英之微粉所显现的效果，砚如此奇美又添金色，故借"金生丽水"之典以冠砚名；但此砚最为抢眼的亮点却在于砚面五彩镶边不仅曲柔度完美流畅，无一缺陷，而且一边呈标准的"S"形曲线状，动感十足，具有令人销魂夺魄之妩媚。

"凤兮"具象易卦砚，为一形似扬首展翅的凤凰之大料所制成（33cm×17cm×14cm），整砚布满精美浅浮雕云纹，显得富华瑰丽，落落大方；砚堂为银灰色，堂面散有花窗网状咖啡色细纹图案，给人以典雅庄重之感；砚堂质地细腻光润，颇有冰肌玉肤韵味。此砚之艺术性、观赏性实甚突出，如置于书画名家或成功人士之大型文案上，一日三视，则可赏心悦目矣。

"天池雪"砚为一凿堂天生砚，也属十分难得之奇品。形姿纯正清秀，砚表尽皆曲面，周身云纹浮雕柔和饱满，连绵铺陈似雪涛浪叠；主砚堂为人工开凿，却另有天然小砚堂位于高处；石表及堂面皆纯净乳白，冰清玉洁，整砚外观景象仿如临长白山顶境界，颇有"高处不胜寒"之意。遂赐"天池雪"砚名。

还有"大才"砚，砚围如苍天巨柏峥嵘老皮，砚堂罗纹图像色厚壮观，可与国画大师烘染黄山山水图相媲美；"蜷龙"砚砚面为梯形，沿砚堂天生一"C"状浮雕花饰，酷似红山文化玉蜷龙；"盘龙图"砚厚重质坚，原石切片为盖，盖顶有深浮雕如盘龙状之钮，天雕之精致完美，令人难以置信。

总之，中国云锦砚的奇质异美需亲持砚品细观揣摩，方可真切地——体察、鉴赏、品味其妙。

明代高濂在《尊生八笺》中称，名贵佳砚应有"质之坚润，琢之圆滑，色之光彩，声之清泠，体之厚重，藏之光整"等美德。若以此标准来评鉴中国云锦砚，可谓当之无愧。中国云锦砚以其不施雕琢、清纯质朴的天生丽质而在中华砚林中如一匹黑马奔突而出，的确具有不同凡响的审美效应与品质功用，也许这正是此砚最令人称奇和最可宝贵之处。

（二）云锦砚的生产工艺

恩施曾有长达1 700年之久的无史可稽、数百年土司统治封闭时期，历来山高皇帝远，中央集权统治鞭长莫及，改土归流后又属于蛮溪贬官之区，文化教育十分落后。官商士子对于品质上乘砚的需求其量非巨，可能多靠从域外砚产地输入供给。同时，民间也利用地产砚料生产普通石砚自用。顾彩《容美纪游》中记载："山中子石如端溪，全具石笋之形，紫质白圈，斜累而上，善剖者直削，其文理宛如宝塔，取为屏，或为砚，塔影居中。君横断之，一小小太极图耳。今醴州多此砚，特不甚发墨。"根据文中所描述用于制砚或制屏的石材特征，显然是产于容美境内的化石"震旦角石"。震旦角石又称"宝塔石"，为生于4亿多年前海洋中软体动物的化石，是较理想的工艺美术材料和饰面材料，具有较高的欣赏价值和收藏价值。铁炉坪宝塔石矿藏存于奥陶系中统宝塔组中，为层状龟裂纹粉晶-泥晶灰岩夹瘤状泥质灰岩。

20世纪50年代，恩施城郊谭家坝一带曾有人以当地的碳质灰岩（墨石）加工方形学生砚，此外民间普遍使用当地烧制的圆形陶砚。自从宣恩、恩施开发菊花石工艺品以来，菊花石砚的生产工艺水平有很大的提高，菊花石砚的砚式丰富多彩，而且创出了特色品牌。这实际上对于后来生产加工云锦砚等云锦石工艺品提供了宝贵的设计理念和技艺积淀。凡是具有菊花石工艺品生产能力和生产设备的厂家，基本上都能加工云锦砚等云锦石工艺品。但由于生产云锦石工艺品的质量要求和工艺难度比生产菊花石工艺品要高得多，故能设计加工出高质量、高品位云锦砚等工艺品的技师为数甚微。据从事多年菊花石加工并擅长加工云锦石工艺品的技师介绍,云锦砚的生产工艺流程约有18道工序之多。其主要工序如下:挑选石料—审读石料—设计砚式—切割砚坯(砚盖)—设计砚堂—挖凿砚堂—挖凿砚池—粗磨砚堂砚池—精磨砚堂砚池—设计砚盖—挖凿砚盖(或配置砚盖)—粗磨砚盖—精磨砚盖—清理砚面—清理砚围—清理砚盖等。

一方云锦砚加工完毕后,必须重新对砚体所有加工过的表面进行严格的质量检验,凡不符合质量标准之处必须予以返工;凡已达到质量标准的成品云锦砚则可以为其制作木质砚座、木质砚盒或锦盒外包装。云锦砚以及其他云锦石工艺品的质量要求可参考轻工部发布的国家标准《中华人民共和国行业标准QB/T1751—93石砚》执行。

对于狭义的、观念形态的艺术而言,艺术美是艺术家自由创造的,是精神自由的产物,而这对于工艺品而言,工艺是第一性的,工艺美术的实用性决定了对艺术的制约。工艺美术美是生活美与装饰美相统一的美,而对于云锦石工艺品的生产加工、鉴赏收藏、使用保养过程中,必须高度珍惜与充分利用云锦石天然雕塑的自然美质。

第十三章 中国云锦石文化

一、恩施奇石文化的源流

以奇石为独立观赏对象的奇石文化是我国审美文化的一个重要组成部分。古代长达数千年的奇石文化发展史可分为朦胧期、形成期、繁荣期、鼎盛期。宋代是我国奇石文化发展的鼎盛时期。明清时代成为我国奇石文化集大成、大发展的全盛时代。其表现为：一是以计成的《园治》、林有麟的《素园石谱》为代表的品石专著层出不穷，赏石理论更为完整严密，发展成熟；二是收藏奇石已不再是士大夫阶层的专利，一些将校士兵、贩夫走卒、农夫工匠等平民，也走进了这个高雅的行列；明代有米芾后代米元章为"青芝岫"而破家，清代有蒲松龄笔下为石九死而不悔的石清虚，有曹雪芹的巨著《红楼梦》中的"补天遗石"贾宝玉，还有爱石皇帝乾隆的至宝"青云片"、"青莲朵"和他的数百首咏石诗。

恩施在500多年的土司时期，存在着大小数十个土司。境内山岳连绵，沟壑纵横，拥有原始自然景观与古朴民风社情，俨然为传说中与世隔绝的武陵古桃花源之源头。其中容美土司疆域控制面积，明末清初达5 000km²以上。清康熙43年（公元1704年），清代著名诗人顾彩应容美土司田舜年之邀，赴容美做客五月之久，受到极高的礼遇。顾彩每游访一处均有诗文记录见闻感慨，后将这些文字撰成一部五万余言的《容美纪游》，如今已成为极其珍贵的历史文献。其中，有关描写容美奇山异水的诗文比比皆是，且文采华丽，意韵浓郁。其中一首题为《紫草山怪石歌》的律诗便是一篇想象奇诡、妙语如珠的赏石佳作：

山石怒出何峻嶒！涧石破碎非其朋。
巨灵踏空伸一足，共工头触昆仑崩。
瘦如槎丫龙骨立，肥如巨象无前肱。
平如镜面削皱浪，侧如霜风战舻棱。
断如骨肉不相顾，连如轮辐来相乘。
黑如烬煤堆覆釜，青如靛汁漂吴绫。
短如涸潭缩龟鳖，长如乔木牵萝藤。
其间一石吁可怖，酷类天竺跏趺僧。
质则轮囷貌奇伟，疑有怪物相依凭。
千年偃卧谁唤醒，苍皮剥裂苔层层。
占断山腰踞当路，樵夫碍足难攀登。
却忆吴阊生公石，游人狎爱姿寝兴。

> 此石委弃荒徼中，知有识者见未曾。
> 猿猴践肤鸟奋顶，夏曝烈日冬铺冰。
> 凿之终古未见损，纵欲益之无可增。
> 容阳使君好奇古，难置几案徒抚膺。
> 峰回路转忽过眼，其它怪石尤冯陵。
> 奇出意外堪发笑，笑之不足转可憎。
> 信如塞满天地间，安有嵩华与泰恒。
> 咄哉观览自此毕，孰谓造物无全能。

（原诗注摘录：紫草山朴茂幽深，全体皆怪石叠成。其上数里有草庐三五楹，颜曰："米拜亭"，据说为明督师文安墓葬处。）

《鹤峰州志·山川志》称紫草山"自州东北，蜿蜒西来，下注龙溪，为州治左翼"。该山位于容美土司中府的东北约2km处，山上怪石嶙峋，奇峭多姿，颇为壮观。诗中的"容阳使君"即指陪同顾采游紫草山的土司田舜年。可见当时容美土司上层人物与汉族文人一样，其赏石意趣与魏晋时期的赏石传统基本上是一脉相承的。由于田氏土司当时全面接受了汉文化，历代均以饱读诗书为荣、能诗善文为乐，连续六代，涌现10位诗人，创作各类诗词3 000多首，于清康熙年间汇成《田氏一家言》。《田氏一家言》卷之五为田甘霖的《敬简堂诗集》（二），其中有九首《和荆艳诗》五言绝句，一首题为《石笋》：

> 何年箦笃谷，种此石龙孙。
> 要制古时冠，箨皮惜无存。

这是借咏赞钟乳石，意在表达崇尚气节与钟情田园生活的诗；"箦笃谷"非实景地名，而是借用苏东坡《文与可画箦笃谷偃竹记》一文中的典故。

同治版《恩施县志》的《艺文志》中有一篇《四癖老人传》：四癖老人者，明季一老穷酸也。生平落落，无多结交，人与之游，终日无可言笑。其貌面黄骨瘦，疏齿颠毛。自述有"四癖"（实即博览群书、观赏花草、冥思遐想、痴迷奇石之爱好）而已。而对于"痴迷奇石"一癖，四癖老人则坦然自陈："深山幽谷，古道颓垣，茂林丰草之下有物焉，或顽或怪，或苍或黄，或磷磷而白，或如羊如虎，或如醉道士，或如望夫妇，或可鞭而晴（晴），鞭而雨，或可醉者卧而醒，光怪万状。盖辋川之画图莫可绘其奇，犯斗张骞必俟持诣君平而后识也。虽一卷之多，而夏云之奇峰，秋云之白衣苍狗，以至如龙如马，如仓囷美人，莫不根从此生，是能静而寿者与？宜米颠之袍笏以拜，携而与俱卧者也，吾甚爱焉。苟遇之，则坐卧不遽去焉。……奈不能自药，殆将抱斯病以老矣。"

春秋时代《阙子》里面记述了这样一个亦庄亦谐的故事："宋之愚人得燕石梧台之东，归而藏之，以为大宝。周客闻而观之。主人斋七日，端冕之衣，衅之以特牲，革匮十重，缇巾十袭。客见之，俯而掩口，卢胡而笑曰：'此燕石也，与瓦甓不殊。'主人怒曰：'商贾之言，竖子之心！'藏之益固，守之弥谨。"显然，四癖老人"爱石成癖"、不合群的独立特行，与春秋时《阙子》中那位宋人同属"石痴"一类人物。他那一通侃侃自白妙论简直就是一篇理直气壮的、宏扬奇石文化与标榜人格志向的宣言，可见其迷石于痴的程度比那位宋之愚人更甚。

二、云锦石开启了恩施奇石文化的新篇章

我国的奇石文化具有历史悠久、底蕴深厚、内涵丰富的特征,突显出集人文理念、美学、科学及社会功能于一身的多重属性。自从20世纪80年代中期奇石文化复苏以来,我国奇石文化出现了新特点:一是由个体松散型朝着群体组织型发展;二是由封闭自娱型朝着开放交流型发展;三是随着各地新石种的开发传播,赏石种类更为丰富,赏石品位得到提升,赏石情趣日趋高涨,赏石队伍不断扩大。据称全国奇石爱好者人数现已发展到300~500万人。热爱石文化、热衷收藏鉴赏奇石已成为一种新兴文化时尚和精神文明活动。尤其是2005年中国观赏石协会的成立具有里程碑的意义,说明赏石文化已正式纳入国家文化事业管理的视野,奇石产业也进入了国民经济宏观计划地矿产业范畴的时代。奇石文化是主流文化,当今它已由狭义性的文人贵族文化转变为普遍性的大众文化,这是一种质的飞跃,是历史的必然。

中国云锦石的发现与开发适当其时,正赶上了我国奇石文化与奇石产业中兴勃发的大好时机。而且,中国云锦石作为一种新兴独特的珍稀奇石资源,对于促进恩施的奇石文化与奇石产业发展产生了显著的积极影响与社会效应。

(一)带动了社会赏石风气,形成了产地云锦石石种赏石圈

近现代大工业社会的崛起,使闲暇时间增多成为必然。目前,我国职工的法定休息日每年达到了114天,休闲时间实现了历史性增长。在休闲文化蓬勃兴起的今天,恩施的花木盆景业发展十分迅速,爱好兰花等各种花卉、盆景、根雕、奇石的人日益增多。云锦石未发现之前,专玩奇石的人数不是很多,所玩的石种多是清江卵石、菊花石、钟乳石等。菊花石主要作为工艺石材开发,当时发展较为迅速。菊花石工艺品产业的发展得到各级政府和一些名人的支持,如原武汉市委领导王杰同志对于宣恩菊花石开发曾予以热诚关注和大力支持。

1996年发现云锦石之后的两年间,产地云锦石石友队伍已逾百人,逐渐形成产地云锦石石种赏石圈。云锦石友之中有一部分原本是花木盆景、根艺奇石玩家,大部分是被云锦石吸引而来的玩石新军。石友们来自不同的职业,有科技人员、教师、记者、公务员、民警、军人、检察官、法官、企业家、金融职员、工人、农民、学生等;从年龄段看,老中青都有,而且年纪较大已退休和即将退休的人员占了较大的比重;云锦石迷中不乏女士的身影,夫妇、父子、兄弟姐妹同为云锦石爱好者的也不少。石友们一般都有一定的文化素养和审美能力,一旦被形妙神绝的云锦石所征服,便成为云锦石的钟情爱好者。

1997年4月,中国第四届花卉博览会在上海举行。冉懋咸、杨尚润、田景远、田军等一批石友带云锦石去参展,让云锦石首次在奇石界亮相,田军的藏品《惊涛拍岸》获得了三等奖。后来,云锦石又陆续在多个城市的石展上受到广大石友的欢迎和好评,多次获奖。云锦石还飘洋过海,远销到新加坡、韩国、美国、德国以及台湾等地。据说当时的韩国总统亦特别喜好收藏云锦石。

2001年,中国第五届赏石暨国际赏石展在武汉举行,恩施曹泽恩、王兆华、田军、李尤斌、杨尚

润等云锦石石友积极踊跃参展,所送去的数十件云锦石精品得到全国石友与赏石专家的高度评价。中国云锦石此次的惊艳亮相产生了"平地一声雷"般的轰动效应,连同带去的其他石种共获得2个金奖、6个银奖、7个铜奖。会后,由《花木盆景》杂志社编辑出版的中国第五届赏石暨国际赏石展论文集——《奇石探究》一书,由曹泽恩、蒋远兴撰写的"神韵绝妙的云锦石"一文入选其中。

(二)带动了奇石产业的发展

随着云锦石的扩大开采,石友们还努力开发出山原造型石、红丝石、冰晶石、生物化石等多种极具观赏价值的新石种,使得不少农民和企业改制职工参与到奇石产业中来,原先销售菊花石的石商也将云锦石等新石种纳入主要经营范围。于是奇石店铺很快发展到近20家,在老城中山路形成奇石一条街。奇石店铺还扩展到市郊龙凤镇、红庙经济开发区以及本州各县市。为满足石商与石友们为云锦石等藏品配座的需求,专门加工石座的作坊便应运而生,还特地从广西柳州、宜昌长阳请来为石配座的木雕技师与打磨卵石的技师。

值得特别一提的是,在恩施州物价局大厦的建设中,同时建成了全州首家唯一公办的展销奇石的专业展厅和市场——清江奇石馆,在国内赏石界得到一致好评,皆表达对于幸运的恩施石友羡慕之意。该馆接待了不少中央、省及各地领导嘉宾参观和外地石商交易,一时成为该州奇石文化和奇石产业的主要窗口。

(三)推动了奇石文化的学习探究与对外交流

自1996年中国云锦石问世以来,州外一些赏石家、地质专家撰写了赏析诗文,倍加赞誉、高度评价云锦石的天生丽质与无穷魅力,使云锦石的知名度与美誉度有较大的提高。其中,2001年,赏石家来层林发表了"菊花云锦醉梦魂"一文,赏石家刘水发表了"清江美石誉满天下"一文,中科院胡雨帆研究员发表了"清江山水孕育了云景石"一文,一致热情推介云锦石。

本州石友们在藏石赏石过程中,乐在其中,兴之所至,自发地学习赏石理论和总结赏石经验,也写出了一些云锦石的赏析文章,赏石水平随之不断提高。1997年,冉懋咸、艾明炎、袁一如的"清江云景石之奇"一文选入陈东升主编的《中国奇石盆景根艺花卉大观》。1998年,田军在《花木盆景》第3期发表了云锦石赏析文章——"新石种·古风韵"。1999年《花木盆景》第9期发表了曹泽恩撰写的"古朴典雅的清江云锦石",蒋远兴撰写的"云锦石成因初探",李军、陈晓华撰写的"'云石'出世记"3篇文章。此后,曹泽恩还在《花木盆景》上发表了"云锦石之曲线美"一文。2002年,《上海石报》刊登了李尤斌的"金龟渡海"石照及赏析文章"云锦石奇天雕美"。应当特别指出的是,蒋远兴先生最先对于云锦石的成因提出独到的科学见解——"溶蚀重结晶说",为澄清一些随意之说及日后进一步揭示云锦石的形成过程及成因奠定了基础。

2001年,为迎接全国第五届赏石展在武汉举行,孙邦复在众石友的支持下,特编辑《中国清江云锦石赏析文萃》,并撰写了"清江魔石——中国云锦石漫话"一文,引起了全国各地石友与专家对云锦石的特别关注。

2001年,为了向州外扩大宣传云锦石等清江奇石资源,张从发、钟声(主编)、冉懋咸、杨尚润、何波等在广大石友的支持下,由州财政支持并自筹部分资金编辑出版了《中国恩施清江石集》,其中选入了云锦石藏品图片119幅。这是该州首部正式出版的、以推介云锦石为主要内容的奇石专题画册。

2001—2007年,孙邦复陆续在《中国收藏导报》、《中国收藏》杂志、《花木盆景》杂志、《花卉》杂志、《湖北民族学院学报》、《环球赏石盆景》等报刊杂志上发表了"披甲藏胎云锦石"、"雅石——中国云锦石"、"天赐美雕话云锦"、"云锦魔石说'青花'"、"云锦砚"等文章,以上文章又被《上海赏石》、《国土资源部信息网》、《中国文房四宝网》、《荣宝斋网》等约百家网站转载,对于扩大传播云锦石相关信息起到了一定的作用。

2006年,为形象地向人们推介云锦石,在胡福先等众石友的大力支持下,孙邦复还以恩施土家族苗族自治州云锦石科技信息研究所的名义,策划并自拍、自编、自撰解说词,出品了长达70多分钟的《中国云锦魔石》电视专题片。

2005年,恩施市曹道静先生发表了一首题为"清江云锦石"的诗,深情地赞颂云锦石之奇美:

一块深埋千万年的顽石,
被农夫从泥沙里掘起,
从此便获得阳光,
洗尽泥土就是一道风景。

风从山岗上吹过,
读不懂蓝天的云彩;
云朵倒映在清江水里,
以优雅的姿势,
在石头上唱歌。

不知道天空的云彩,
何时去了地底下,
将天空的美丽,
写进这清江边的沃土,
融进地底的石头。
沉默的石头,
才绽放出美丽的风景。

可喜的是,由云锦石开发所带动的奇石文化与奇石产业的发展也引起了教育界的关注。湖北民族学院学报刊发了该学院艺术学院院长向极鼎、刘畅撰写的"赏石资源与美学教育"、"恩施菊花石雕刻审美的意义"等奇石文化与奇石美学的研究论文。2006年向极鼎院长在他的石文化专著《图像石艺》中,特赞美云锦石为"一绝奇葩"。2005年,恩施市实验小学黄秋娥老师总结她组织小学生开展云锦石采集、收藏、赏析、观摩市场、模拟拍卖等教学实践,发表了计6 000字的题为"清江奇石"教案论文,客观上证明了云锦石这一宝贵的奇石资源及其审美价值已正在为年轻一代所认知接受。黄秋娥老师以中国云锦石为主题的成功教学实验与实践具有非凡意义,她不愧为打造云锦石文化名片与普及奇石文化知识的先锋与楷模。

恩施的云锦石友和民众不会忘记,对于宣传云锦石、扩大云锦石在国内外知名度起到重要作用的媒体《花木盆景》、《花卉》、《中国收藏》、《环球赏石盆景》、《恩施晚报》等报刊杂志以及《中华赏石网》、《国土部信息中心网》等网站。然而,与灵璧石、雨花石等名石相比,云锦石的知名度还十分有限。中国云锦石这一堪称国宝的珍稀资源在其产地虽受到了不少石友的青睐钟爱,但从整个社会层面看,云锦石的审美特质和宝贵价值并未受到足够的关注与珍视。

三、云锦石是独一无二的新石种

（一）云锦石的矿物学定位与石种定义

中国科学院地质与地球物理研究所实验室2007年5月29日完成的"中国云锦石"鉴定报告结论指出:云锦石的黄花纹层为含石英的泥晶灰岩、白云岩;云锦石的青花纹层为泥—粉晶灰岩、白云岩;云锦石的黄花纹层石心为泥—粉晶灰岩、白云岩;云锦石的青花纹层石心为具溶蚀纹构造的泥—粉晶灰岩、白云岩。

根据以上鉴定结论和我们的研究结果,试将云锦石种定义为:中国云锦石独产于湖北省恩施盆地清江河段的河漫滩中,是由含硅的泥—粉晶灰岩、白云岩类卵砾石在特定的气候、地形、地质构造和水文地质条件下,经漫长的间歇性溶蚀—凝聚—再结晶而形成的,具有特殊层次结构(强氧化层、次生氢化层、原生层)和观赏层面具有雕塑状云纹图案的珍稀观赏石与工艺美术石材。

（二）云锦石的观赏石种类别

我国传统所称的奇石或观赏石多属于岩石类观赏石。岩石类观赏石从成因来说,分为山石和水石两大类,按地质作用与形成环境又分为风蚀石、岩溶石、火山石、河蚀石、海蚀石与构造石。

根据对云锦石的化学成分、矿物组成、形态结构、成因等要素的科学解析与客观判断,云锦石应属于沉积岩类卵砾石在特定的地形、水文地质条件下形成的河蚀石,是世界上新奇罕见的、独一无二的天然类雕塑型观赏石种。

（三）云锦石的查新结果

根据我们的委托,湖北省科技信息研究院查新检索中心对恩施州申报的省级攻关科研课题《中国云锦石与云锦砚的开发利用研究》进行了正规的查新检索,于2005年11月8日提供了《湖北省科技计划立项查新报告书》(编号06GG2-2-187),其检索结果如下:

（1）"文献检索范围及检索策略":该查新检索中心以"云锦石、云锦砚"为主题词,回溯检索了1985—2005www.google.com、维普、万方等13个国内外文献检索系统。

（2）"查新结论":所检文献范围内,除委托单位相关研究人员所发表的文献外,未见其他云锦石、云锦砚相关研究文献报道。"查新评价"为A级。主要技术及指标优于检出文献。

（四）赏石界、收藏界、地质界对云锦石的赞评集萃

现将寿嘉华、阎振堂、来层林、刘水等著名赏石家、收藏家与地质专家对中国云锦石的由衷赞美和高度评价的言论聚芳集萃，并以产地石友、民众的名义向他们表示深深的敬意与谢忱。

2008年3月28日，中国观赏石协会寿嘉华会长欣然为中国云锦石题词："云锦奇石，恩施独帜。"题词高度赞评了独产于恩施、审美特征独树一帜的云锦奇石。

2007年，中国收藏家协会阎振堂会长欣然为中国云锦石题词："云锦美石，气象万千。"题词客观地赞颂了云锦石百媚千娇的形态美和气韵美。

2007年，中国书法家协会张海主席欣然为中国云锦石题词："鬼斧神工云锦石。"

2007年，中国人民解放军原空军副司令员（恩施军分区首任司令员）王定烈将军欣然为中国云锦石、云锦砚题词："天赐美雕，云锦魔石"，"独树一帜云锦砚"。

2008年，美学家江柳先生为中国云锦石题词："雕云琢锦，鬼斧神工。"

2001年，赏石家来层林先生将中国云锦石定位为"全国独一无二的新石种"，并浓笔重彩地描写云锦石："全身布满淡黄色的浮雕云龙图案，有的似山谷流云，有的似彩霞追月，有的似蛟龙戏海，有的似使者飞天……真是千变万化，美不胜收。"且赋诗一首：

月白卵岩浮浅黄，似云似浪似龙盘。

千变万化天雕美，怡情悦性满腹欢。

2001年，赏石家刘水先生也倾情盛赞云锦石："云锦石，石中新奇之葩。那内黑外黄的坚韧的石质，那千变万化的图像，那千姿百态的造型，犹如变幻莫测的彩云，有的像版画，有的像浮雕，有的则又像匠心独运的塑像，不论是人物风景，不论是具象抽象，均给人以奇妙而神秘之感。因此，云锦石一经问世，就受到石界人士的青睐。"

2001年，中科院胡雨帆研究员如此评说："清江云锦石大多可直接作观赏石，无须加工，置于几案花架均美。其立体纹理千变万化，神态百出，似人物、鸟、兽、花草风景，犹如玲珑古董、石刻绘雕，更为奇特的如'苍龙腾飞雾，丹凤踏祥云'，韵味十足。加之本身所固有的那种古老朴实的陶泥色泽而更显其古色古香之原始美，广受藏石家和书画家青睐。"云锦石是大自然神韵之笔绘就的灵玉瑰宝。"

2006年，中国地质大学舒勤荣教授赞评中国云锦石："它集造型石和纹理石的特点于一身。该石一问世，即因其奇特的造型和浮雕状的、云朵般的纹理，受到赏石者的青睐和喜好而争相收藏。其傲然无我的风韵和独领风骚的气势，凡观赏石的赞美之词均可为它所用。纵览现今所见之奇石，似无出其右者。"

2002年，广东《花卉》杂志以"雅石——中国云锦石"为题，向石界推介云锦石的主要审美特征，是云锦石首次以"中国云锦石"的正式石种名亮相于正规杂志。

2003年，《湖北民族学院学报》（自然科学版）第4期发表孙邦复撰写的"中国云锦石"一文，该刊编辑部特加了"中国魔石，世界一绝"的引题，高度评价云锦石举世无双的天雕美。

2009年6月，当代著名作家、原中国作家协会副主席、四川作协主席马识途以"九五叟"的自谓，特为中国云锦石题词："鬼斧神功，奇幻美妙。"并为本书题写了隶体书名："中国云锦石"。

山西省作家协会副主席、《山西文学》主编韩石山先生在"我爱清江石"一文中写道:"这是一块画面石,浅黄深褐交错相间的条纹,似云霞缭绕,又似海浪翻腾,似田埂纵横,又似笔墨皴染。其纹如云似锦,如波似浪,形色如古陶,石质内黑外黄,造型浑朴自然。此刻,我细细地品味着这块美丽的云锦石,似乎看到武当山的飘逸之气、神农谷的奇妙风光,隐约间,似乎听到屈子的高歌、昭君的喟叹,恍惚间还能看到清江画廊的秀丽,三峡大坝的雄伟。"

国土作家徐峙在《中国国土资源报》撰文热诚评赞云锦石:"在湖北恩施大龙潭清江短短一公里长的河漫滩里,蕴藏着一种不是石雕、却胜似石雕的天然奇石瑰宝,大自然神来之笔,在它身上刻下了九天揽月般的神采飞扬;清江河千万年的奔腾为他留下了云蒸霞蔚般的飘逸灵秀;恩施盆地复杂的地区构造运动,更赋予它琼楼玉宇般的锦绣华丽。为此人们献给它'云锦石'的美誉。"

(五)云锦石是国宝级的珍稀观赏石资源

世界各国都有各自的国宝,大都作为无价之宝,成为国家的骄傲和象征。顾名思义,国宝就是国之瑰宝。一般是指:国玺;国币;国家的宝贵人才;国家的宝器。国玺是国家最高权力的象征;国币是国家法定的货币;鲁迅、郭沫若、老舍、梁思成、马寅初、李四光、钱学森、袁隆平等大文豪、大科学家则属于"国家的宝贵人才"之国宝。当然,还有熊猫是作为珍稀动物是全世界公认的中国国宝;独产于利川的水杉作为中国特产的孑遗珍贵树种,第一批列为中国国家一级保护植物的稀有种类,有植物王国"活化石"之称,也是中国国宝与旷世奇珍。国家的宝器主要指各类珍贵文物。根据国家《文物藏品定级标准》,珍贵文物分为三级,其中具有特别重要的历史、艺术、科学价值的代表性文物为一级文物。一般来说,一级文物中的精品就可以称为国宝了,如北京猿人头盖骨化石、世界最大青铜器司母戊大方鼎、曾侯乙编钟、莲壶方尊、乾隆粉彩镂空转心瓶、《清明上河图》、中国法帖之冠《淳化阁帖》等。

中国云锦石乃大自然妙造天成的极品杰作,虽不属于文物类的国家宝器,但却是价值连城的、堪称国宝的珍稀观赏石资源。云锦石于光怪陆离中蕴含着无穷的神奇与奥秘,聚天地灵气与日月精华于一身,融科学性与艺术性于一体,乃千百万年天雕魔刻的旷世瑰宝,其天生丽质堪称中华美石皇后,其奇幻绝美可叹为观止。云锦石自然美的种种表现形式,即审美特质呈神秘诡诞之奇,惊世骇俗之美及难以置信之巧:表层皆天生浮雕图案,诡异玄妙,繁缛瑰丽,酷似祥云织锦;石体结构奇巧殊怪,由粘土状残留物层、花纹层、过渡层、石心等层次组成,质色迥异,内刚外秀;造型千姿百态,变幻莫测,或显具象美惟妙惟肖,或具抽象美韵味无穷,皆如鬼斧神工之石雕牙刻杰作;石肤砺腻相间,色泽古雅高贵,质地致密坚贞,其玲珑剔透、轻巧扁薄者及工艺切片叩声清越如金玉。

中国云锦石不仅清供美不胜收,令人摄魂消魄,且可精制成中国云锦砚等系列非凡工艺品,古雅文丽,风骚独具。故中国云锦石一面世便轰动了赏石界,被誉为"天赐美雕"、"清江魔石",成为一颗傲然独美、璀璨夺目的中华奇石新星。中国云锦石及其工艺精品斑斓多姿,异彩飞扬,天雕神刻,卓尔不凡,独步天下,均可贵为国礼与传世典藏品。

根据查新、检测结果和赏石界、收藏界、地质界众多赏石家、美学家、地质专家的权威评鉴以及本课题全面的研究成果,实足以说明:

1996年发现产于恩施盆地清江河漫滩的天然雕塑奇石——中国云锦石是全国、全世界独一无

二的观赏石新品种；

中国云锦石不仅是一个珍稀观赏石种，而且也是一种珍稀工艺美术石材、一个珍稀砚石新品种；

以中国云锦石为砚坯加工制作的中国云锦砚——"施砚"是一个珍稀新特砚种，以中国云锦石为坯料加工制作的云锦石工艺品是一种珍稀新特石质艺术品。

上天赐给人类的宝物如黄金、翡翠、田黄、钻石之类虽然无数，但几乎都是以资源和原材料形态呈现于世的，皆必须投入大量成本，采用特殊设施，通过精心设计、精心加工才能成其为宝，否则只能永远处于原材料原始状态而已，难以为人所用。然而，中国云锦石一问世瞬间便是一件件精美绝伦的天然石雕艺术品，无须人为加工，百分之百纯属上天的无私赐予，这就是云锦石比那些自然宝物与人为艺术品更为珍贵更为神奇之处。鉴于中国云锦石的天生丽质与神秘成因，应属于世界上极为罕见的自然存在，当视其为上天宠赐于恩施的珍稀国宝。

夏华炳先生认为："奇石的稀有性体现在它作为一种自然物品极少的数量中，体现在它与数量巨大的普通石块极小的比例中，尤其体现在形成难度极高、绝无近似石品的个别奇石中。"云锦石正是一种千载难逢的、举世无双的"形成难度极高、绝无近似石品的个别奇石"。大千世界，石种万千，但真正属于自然杰作的奇石少之又少。对于一些非同凡响的创造，人类通常冠以"奇迹"的产生。除了人类本身创造的奇迹，更为不可思议的奇迹只产生于自然，然而这些自然奇迹是人类无法把握的，如果拥有一方云锦石这般完美的奇石精品，则无异于拥有一个伟大的自然奇迹。

四、独树一帜云锦砚

（一）砚文化与砚石

砚发端于新石器时代，砚文化在中华几千年文明的历史长河中，对于我国民族辉煌历史的延续和灿烂文化的传播、交流有着举足轻重的特殊作用。中国收藏家协会文房四宝委员会陈国源主任认为："砚是天工人工、两臻其美的艺术珍品。它集历史、艺术、文学、使用、欣赏、研究、收藏诸价值于一身，是特色民族风格和传统艺术的结合体。温润、细密、坚硬的砚台，从某种意义上讲是美石文化的延伸。名砚的诞生往往历时千百年，而它们的身价绝不在美玉之下。"

据初步统计，砚石资源分布遍及我国25省（区），产地在130处以上，目前开采利用的有58种，约占砚石品种总数的45%。我国经中国文房四宝协会鉴评、已被公认的"十大名砚"有：端砚、歙砚、澄泥砚、洮砚、红丝砚、苴却砚、贺兰砚、思州砚、松花砚、易水砚。其中，端砚石质细腻滋润、致密坚实、贮水不耗、发墨快不损毫、久用锋芒不退，石色丰富多彩，石品花纹绚丽多姿，使它成为砚中之宝，在中国"十大名砚"中位居榜首。据叶尔康的研究证明，端砚的优异性能取决于：构成端石的主要矿物绢云母的粒度为$0.01 \sim 0.05$mm，硬度为$2 \sim 3$度；砚石中的次要矿物赤铁矿、石英硬度较高，可提高砚石的研磨性能；端石的隐晶质层状结构透水性弱，则墨不易涸。肇庆市因盛产优异的端砚及拥有厚重的端砚文化，被国家授予"中国砚都"的美称。

如今，砚由供人实用转向供人欣赏，砚的艺术性、文物性观赏功能无形中不断升温。随着硬笔文化和网络文化的普及,虽砚的实用功能相对减弱,但艺术收藏价值却日益攀升。于是,名砚的工艺水平和经济价值也因之大为提高,其产品则体现为观赏型、礼品型、珍品型的"少而精、稀而贵"的技术路线;在砚品艺术设计上向大型化、立体化、高附加值化方向发展。过去收藏端砚,多看重雕工。近年来,藏家们逐渐倾向"浅雕薄意",甚至喜欢收藏原石,于是端石价值5年上升了20倍。以老坑原石为例,约15cm长、20cm宽、2～3cm厚的中上品5年前售价仅为一两千元,现在没有40 000～50 000元拿不到。而且这只是无眼的原石价,有眼的按眼的只数计价,多一只眼贵10 000元。

砚产业与砚文化必将出现两大趋势:一方面,随着传统文化的国际化,在今后相当长的时期内,作为艺术品和古玩收藏的砚,其精良者仍将红火不衰;另一方面,平庸俗陋者只能作为民间普品砚使用。据悉,近年来砚石价格持续攀升,从2002年至今涨幅达到6～10倍。2007年杭州西泠印社拍卖行名砚专场拍卖117方历代名砚,成交115方,总成交额1 832万元。其中仅一方"清伊秉绶等铭大西洞端砚",成交价达96.8万元。

(二)独树一帜云锦砚

中国云锦砚的奇质异美皆承袭于中国云锦石的天生丽质,其审美特征与使用价值于前文中已分析述备。中国云锦砚因产量有限,至今未成为一个正式的商品砚种。由于云锦石的资源已接近枯竭,故云锦砚也不大可能成批量地生产而形成一个独立的砚产业。然而云锦砚的品质特异优秀是毋庸置疑的,云锦砚既属于云锦石文化的一部分,也属于中华砚文化新的成员。中科院胡雨帆研究员评价云锦砚:"有人切割(云锦石)加工制成石砚,彩云环绕砚围,墨池如黛玉;此砚发墨极佳,不伤笔,不食墨,且'贮墨三日不涸';击石之声如磬,被视为砚中精品,刚上市便为人争相藏用。笔者有几方云锦砚送赠书画大家,皆称可与四大名砚媲美也!"

2004年3月18日,《中国收藏导报》刊登了孙邦复介绍云锦砚的短文"天生丽质云锦砚"。同年,《中国收藏》杂志第八期又发表了孙邦复撰写的"云锦砚"一文及精品云锦砚照10幅,该刊编辑部按语特对云锦砚给予高度评价:"清水出芙蓉,天然去雕饰。云锦砚因重原石的天然美而在藏界中独树一帜。"

1993年,台北故宫博物院举办的松花石砚特展中,展出89件松花石砚和2件座屏,并随后出版由学者嵇若昕编辑的《品埒端歙》一书。"品埒端歙"之意,在于强调松花砚品质超群,可与端砚、歙砚媲美。中国云锦砚天生丽质,不仅可以"品埒端歙"来评鉴它,而且其多方面优异特质乃云锦砚所独有,实非端歙等名砚可比及也。

当前,国家十分重视和大力培植观赏石文化和经济,鼓励开发观赏石新资源。2009年,中国观赏石协会在全国开展观赏石资源调查工作,编制全国观赏石资源分布图,为观赏石资源合理开发与利用提供基础资料。可喜的是,作为一种新发现的珍稀观赏石与工艺美术石材资源,中国云锦石已引起了国土资源部信息中心、中国观赏石协会的关注。

第十四章　中国云锦石的资源开发与保护

一、云锦石的资源开发状况堪忧

（一）资源日渐枯竭，管理环节缺位

中国云锦石产于恩施市大龙潭至大沙坝的清江两岸河漫滩中，主要集藏点则分布在大龙潭至麻纺厂河段之间。经过十余年的无计划开采，现此区段的云锦石资源基本上挖掘殆尽。旗峰村二组河段右岸时有不定点的、断断续续的开采；根据红庙渡口至红江桥河段的地形和水文地质条件，部分河漫滩中可能还有埋藏的云锦石分布点；大龙潭拦河坝东上侧的小部分被水淹没的砂砾石层还未开采，其间可能蕴藏有云锦石；红江桥至城区段原未发现较大集藏点，又因沿江多项建设工程施工及大量取沙石为料，已不存在原始河漫滩，故已无发现云锦石原矿点的可能；大沙坝河段曾有人挖出过少许云锦石，暂无法得知大沙坝及以下河段有无云锦石矿源。十多年来，云锦石一直处于民众自发随意开采状态，2008年以前，基本上不存在管理部门介入的开发管理与资源保护措施。

自开采云锦石以来，实际上真正对于资源造成严重破坏的，主要是由于各种工程建设随意在河漫滩大规模机械采取沙石作建筑、道路材料所致。据产地石农回忆叙述，当年仅修建、扩建许家坪机场主要在河边取沙石垫基底，所取走的沙石料就达数十万车之多，其中云锦石若占万分之一的话，则其损失的云锦石价值之巨就根本无法估算。除直接挖掘运走沙石料而毁掉云锦石资源外，还有无数个在江边设立的碎石加工场，就地取石机械粉碎后作建筑材料，其中也毁灭了许多云锦美石。据一知情人遗憾地说，当时他亲眼目睹成千上万的云锦石被丢进了粉碎机的进料口中，瞬间便化为碎石齑粉了。若以现在的认识水平和价值标准衡量，当时无数云锦石的命运，如同遭遇"明珠暗投，黄钟毁弃"之灾，简直就是一场令人无限惋惜的天赐宝藏之浩劫！为何会有今天看来如此遗憾、这般可悲的、十分令人惋惜的事情发生？其根源就在于当时的客观情势的局限性所致。因恩施经济发展大环境与文化产业观念较之外地严重滞后，人们普遍缺乏市场经济头脑、奇石文化常识及审美意识，地方管理部门也毫无奇石文化与奇石产业观念，不可能将奇石资源纳入矿产资源的管理范畴予以重视开发，从而导致大量宝贵的云锦石资源被白白弃之。

（二）精品流失严重，无社会性集藏举措

云锦石蕴藏于清江河漫滩第四纪泥砾层中，矿点分布极少，资源总量十分有限，开采率与精品率皆相当低，客观地说，现本地藏家所藏精品和商家待售精品数量之和也不能算之为多，尤其是能

得到产地藏石圈石友普遍认可的云锦石绝品更是凤毛麟角,屈指可数。近几年云锦石价值与市场价格一路飙升,石农出售精上品坑口石价格已从当初的一位数升至四、五位数,市场交易精品一枚可高达数万元。云锦石精品大都作为高档礼品或因外地石商采购而流转到州外。

中国云锦石属于举世无双、不可再生的珍稀赏石资源,是恩施一大宝藏,云锦砚等工艺品奇质异美,也珍贵无比。目前,因体制与观念不一,博物馆不屑收藏奇石,也无一个以社会性保存集藏云锦石为目的的奇石馆。若这种状况再不引起地方相关部门的警醒重视,并尽快采取断然举措,彻底加以改变的话,那么,可能三、五十年之后,恩施州内将难寻到中国云锦石精品的踪影了。可以设想,届时无数国内外慕名而来的嘉宾友人,希望亲眼目睹恩施独产的云锦石的天生丽质,或者想购买云锦石类纪念品,难道我们可以毫不汗颜地向客人们坦言宣示:十分遗憾!中国云锦石早已被我们挖光了!也早就被我们卖完了!那将是多么尴尬难堪的结局啊!但愿这样不光彩的历史遗憾不要被不幸言中而真的降临,倘若云锦石这一璀璨无比的奇石新星因当世人的愚昧无知与慢待疏忽而过早陨落,那么,日后免不了要受到后辈子孙的贻笑!

(三)品牌价值及其地位未予确定,深度开发利用未予关注

奇石品牌不仅具有一般意义上的商品品牌效应,而且还具有比商品品牌价值高得多的文化品牌的价值效应。中国云锦石虽已声名远播,但因对其缺乏充分有效的宣传,云锦石在州内外的知名度相当有限,其品牌价值还未得到赏石界及国家权威部门予以正式认定,云锦石在国内奇石界还未取得应有的地位;由于缺乏奇石文化意识和基本投入,难以对云锦石资源加以深度开发利用,故云锦石文化品牌的宝贵价值与社会效益还远未充分体现出来。

二、关于云锦石资源开发与保护的设想

(一)提高认识,加强管理

恩施州是资源藏量异常雄厚、品种十分丰富的奇石宝库,云锦石、菊花石、清江卵石、山源造型石、红丝石、百鹤玉、腾龙玉、松香玉、珊瑚玉、墨玉等优质奇石品种享誉国内外,尤其是云锦石被誉为"中国魔石,世界一绝"的珍稀瑰宝,是该州奇石资源的王牌。

奇石作为一种商品性矿产资源,其采集、收藏、展示、交流、贸易等一系列相关内容,从管理角度而言,是一项跨行业、跨地域、跨学科的社会活动。从属性上说,赏石既是一项涉及科学、文化、休闲、旅游等多领域的精神生活,又是一项方兴未艾的产业经济。显然,在缺乏政府统一管理和正确导向的状态下,任民众自发参与发展奇石文化与奇石产业,不可能形成上规模、上档次的奇石经济。

为了科学开发利用得天独厚的奇石资源,将隐性的资源优势转化为显性的经济优势,我们要充分认识、宣传中国云锦石的审美特质与珍贵价值,把云锦石等奇石资源的开发利用纳入地方经济计划,成立由政府管控的奇石产业与奇石文化开发管理协调机构(中国观赏石协会隶属于国土

资源部),每年投入必要的资金并制定相关的发展规划、目标方针及系列政策法规,以保证奇石经济的逐步培植形成,并不断发展壮大。

(二)保护资源,抢救国宝

大龙潭云锦石的集藏产地分布区,地处恩施盆地清江上游,位于大龙滩电站与宜万铁路周围1km的范围内,而大龙潭电站与宜万铁路大桥属国家级重大基础设施工程,同时清江属国家二级河流,大龙潭一带也是恩施市风景名胜区和城市规划重点建设区。根据国家有关法律条例的规定,该区已被列入国家的重点环境保护区,禁止从事采矿、采石、取土、挖沙及爆破作业。

鉴于以上原则及现有资源所藏有限,目前只可能在开展新的云锦石资源调查的同时,及时对现存云锦石资源进行保护性、抢救性开采,以防止工程施工继续在河漫滩无序取料,再造成"明珠暗投"般的毁灭性破坏。据恩施新闻网报道,恩施市已规划修建从小渡船至大龙潭的防洪工程,也许这是对云锦石资源进行保护性、抢救性开发的一个千载难逢、无法回避的历史性机遇。

云锦石资源分布、产出规律目前尚不尽知晓,到底能否在清江流域或其他地域再发现新的云锦石资源集藏点,现在谁也无法过早予以断言。因此,对于云锦石资源的保护与抢救不仅具有现实意义,而且其重要性已经到了迫不亟待、刻不容缓的程度。管理部门应当头脑清醒,深谋远虑,主动有所作为,切勿因某些随意的误导、疏忽大意而导致失察、失职,那将是对国家和人民的严重犯罪。

(三)国家集藏,永续利用

为了防止云锦石精品完全外流、散失,当务之急是尽快建立中国云锦石博物馆。该馆应是一个以珍藏展示为唯一宗旨、公益性的、永久性的国家博物馆,目的在于为云锦石建一个安全保险的"家",并利用此馆作为地质科研、博物、科普、美育、奇石文化等精神文明建设及奇石产业、旅游产业的一个基地,以实现对于云锦石精品的永续保护和利用。本地应请求国家、省政府计划立项投资,在恩施建馆。中国云锦石不仅是恩施一大宝,而且也是湖北之宝、国家之宝,故向国家、省财政申报计划项目投资兴建"中国云锦石博物馆"是理所当然的现实文化产业建设问题。

湖北省第二地质大队为湖北省宝玉石协会理事单位,湖北省观赏石协会理事单位。作为恩施地区地质工作的主力军,50多年来在基础地质、矿产地质、水文地质、工程地质、环境地质和地质灾害防治等方面开展了大量卓有成效的工作,为恩施州经济建设与社会发展作出了重要贡献。为了弘扬奇石文化、倡导地质科普,该队投入数百万元,经过两年的筹备,建成了现代设施齐备的"恩施地质珠宝奇石馆",已于2010年2月1日面向民众正式开馆,书写了恩施地质勘查与奇石文化事业的崭新篇章。鉴于该队为湖北省地质矿产勘查开发局直属的事业单位、国有企业,经济与技术实力强,具有对于菊花石、云锦石等奇石的研究开发工作基础,如果国家、省政府将建成"中国云锦石博物馆"的任务赋予给该单位,显然是最理想、最可靠的方案。

此外,还可考虑招商引资,利用国内外民间资本建设"中国云锦石博物馆"。据报道,中国观赏石协会副会长、宜昌钟宜实业有限公司董事长李明华先生事业有成,实力雄厚,现为中国观赏石协会网首席赞助商,一直在想着自己能为石界的繁荣做点什么。为了更广泛地向石友宣传普及奇石文化理论,他赞助中国观赏石协会和《宝藏》杂志社,倡议并推动了"西部爱心赠书万里行"活动,从而使更多的西部石友真正受益。不久前,李明华特别表示希望通过自己的一番努力,在西部有影响的地区建几个中国有代表性的观赏石博物馆,为西部赏石文化的发展普及做点实实在在的事。恩施州是湖北省国家西部大开发计划范围的唯一地区,云锦石独产于清江河漫滩,同属于三峡石系列,宜昌与恩施又同属比邻的兄弟地区。根据李明华先生一贯支持奇石文化的诸多义举与雄心豪言,如能邀请他投资兴建"中国云锦石博物馆",可能性还是较大的。

现将灵璧、柳州、临朐、宜昌等地开发、保护奇石资源,发展奇石文化与奇石产业的典型经验介绍如下。

四大名石之首的灵璧石的资源保护工作倍受重视。安徽灵璧县1999年就制定了《灵璧石资源管理办法》,2005年颁布《关于灵璧石资源规划开采的意见》,2006年该县为进一步加强对灵璧石资源的保护,决定每年投入巨资选购大型灵璧石由政府集藏,并成立了灵璧石选购领导小组及技术机构。从2007年9月,宿州市开始实施以该市市政府第10号令名义发布的《灵璧石资源管理暂行办法》,其目的是对灵璧石实施"休克式保护"。灵璧县为保护和充分利用灵璧石这一品牌,政府专门设立奇石办公室,统一管理奇石经济。2005年5月,中国灵璧石国家公园正式立项,在灵璧石的主产地——灵璧县渔沟镇开始筹建,占地1 000亩,预计总投资达1.5亿元,规划园内灵璧石超过10 000块,设计有楼台亭阁、小桥流水,建成后将成为集赏石、购石、休闲、娱乐为一体的全国大型园林石公园。

10多年来,广西柳州市政府共计拨款数千万元修建了100多个奇石馆与奇石市场。在政府的带动下,柳州的企业和个人也纷纷出资修建奇石馆。现在,柳州市共有大大小小奇石馆700多座,成为全国最大的奇石市场集散地,柳州市的目标,是要把该市建成亚洲最大的"石头城"。从2000年起,柳州市政府每两年举行一届国际奇石节,现已举办了第六届,对于柳州奇石文化与产业以及经济社会发展起到了显著的推动促进作用。

山东临朐县确定了"立足当地资源优势,建立培育特色市场,带动观赏石产业化发展"的总体思路,先后投资2亿多元,高标准建成了江北最大的奇石市场、临朐文化城等一批专业市场,临朐县拥有中国奇石城等5处大型批发交易市场、2处奇石博物馆、2处加工基地、1处观赏石档案馆、大小展馆2 000余个。从事观赏石开采、加工、运输、销售的专业户6 400余户,从业人员3万余人,年交易额12亿元。市场建设不仅把当地的石头推向了市场,而且吸引了全国各地和日、韩、美等10多个国家和地区的藏石爱好者来临朐赏石、购石、卖石,形成了"买全国、卖全国;买世界、卖世界"的经营格局,每年来临朐赏石、购石的游客达120多万人次。

广东英德市的英石是中国四大园林名石之一,具有"瘦、皱、漏、透"的特色,经申报,该市近年先后获批"中国英石之乡"和"国家地理标志产品"称号。英德市望埠镇积极引导和支持当地农民从事英石开发,全镇有3万多农民,其中就有1万多人从事英石艺术和生产经营,他们把沉睡千百年的英石从山里搬运到英曲公路两旁展销,形成了一个以英石为主、30多公里的奇石展销长廊。展出的奇石有10多种,产品远销日本、美国、新加坡、台湾等50多个国家和地区,年收入超过1亿元,成为全国乃至亚洲最大的奇石交易集散地。

赏石已成为宜昌市民一种新的时尚生活。宜昌市奇石收藏者已由10多年前的200多人猛增到现在80 000多人,奇石收藏量达到50枚以上的已有2 000多户,奇石收藏真正进入了寻常百姓家。长阳清江奇石馆、清江奇石苑、点军车溪奇石山庄、五峰湾潭奇石馆、三峡奇石城等一批大型奇石馆相继诞生。清江奇石,以画面灿艳而名闻天下。赏石家来层林称清江石"冲击视野,震撼心灵",目前已远销美国、韩国、日本、新加坡以及香港、台湾等20多个国家和地区。奇石产业已成为清江下游长阳土家族自治县的支柱产业之一,现长阳直接从事清江观赏石开发和经营活动的人员达到12 000多人,协助从事这个产业活动的如专业运输、环节加工及提供专业服务的20 000多人,共计从事观赏石产业的人员达到35 000余人。直接的经济效益即销售收入每年达到1.2亿元以上,间接的收入达到6 000万元以上。清江观赏石总收入达到每年1.8亿元(平均每人每年6 000元;有一大层经营户每年收入在30万元以上)。

(四)将云锦石确立为州(市)石,并向中国观赏石协会申报鉴评,以获得中华观赏石新种的认定

中国观赏石协会的主管部门为国土资源部,实际上该协会是代表政府对于观赏石资源和观赏石产业经济实施宏观管理与指导。云锦石作为一种新发现的珍稀观赏石资源,必须通过向中国观赏石协会申报,并得到该协会组织的专家委员会的鉴评认定,才能获得新石种正式的名份和品牌。

(五)向中国文房四宝协会申报鉴评,以确立与保护中国云锦砚(施砚)的品牌价值

中国文房四宝委员会属于原轻工部下的行业委员会,对全国所有的笔墨纸砚生产企业进行管理和指导。任何一个新产品的质量监督、标准制定、品牌认定,都必须通过该委员会组织专家委员会讨论鉴评,予以落实。云锦砚虽然不能大量生产,但其质色品位非凡、美学特征突显、收藏价值极高,具有厚重的文化品牌意义。只有经过向该委员会申报鉴评认定,中国云锦砚——"施砚"这一品牌方可获得文房四宝界的认可,从而取得合法的品牌地位。

(六)向中国观赏石协会申报,争取让恩施州(市)获得"中国云锦石之州(都)"的授牌

2007年6月28日中国观赏石协会正式颁发了《中国观赏石之乡命名办法》,其宗旨为促进观赏石资源合理开发利用与保护,做到科学有序地探采、收藏、交易,确保观赏石资源的可持续发展,促进其经济、文化、社会的和谐发展,提高被命名地区的知名度。

2007年10月至2010年8月,中国观赏石协会已评选出23个中国观赏石之乡(城)、9个中国观赏石基地。中国观赏石之乡(城)是:山东临朐、安徽灵璧、广西大化、辽宁义县、贵州兴义、广东乐昌、浙江常山县、广西合山市、北京平谷区、福建华安县、江苏六合县、浙江新昌县、内蒙古阿拉善盟、广西昭平县、吉林江源区、广西来宾市、新疆哈密市、湖北长阳土家族自治县、湖北宜昌夷陵区、广西三江瑶族自治县、河北曲阳县、广东乳源侗族自治县、安徽宿州市。中国观赏石基地是:广东东莞森辉古玩城·森辉自然博物馆、武汉中华奇石馆、宁夏石嘴山中华奇石山、贵州黄果树奇石馆、山东齐鲁七贤文化城、深圳龙园奇石城、天津"宝成奇石园"、无锡"中华赏石园"、北京十里河奇石

花卉城。

具有奇石资源优势的地方,奇石产业与奇石文化的兴衰,客观上已自然成为一方经济脉搏与精神生活是否具有活力的一种标尺。只有以文化的形式和内涵来提升奇石的品牌价值与经济价值,以相应的经济投入来保障奇石文化的发展,才可能推动恩施州奇石经济逐步形成并不断发展壮大。

尾 声

  恩施在唐朝时曾为施州之地。唐天宝年间安史之乱,诗仙李白参加了李隆基之子永王李璘讨逆的军队,后因王室内讧而受牵连,被流放夜郎途中经此邦留迹。传说李白曾于浩月如水溶溶之夜,登临碧波峰巅,鸟瞰粼粼清江,遥望茫茫云海,举盏邀月狂饮,触景生情,豪气泻于笔端,留下千古绝唱《把酒问月》诗:

> 青天有月来几时,我今停杯一问之。
> 人攀明月不可得,月行却与人相随。
> 皎如飞镜临丹阙,绿烟灭尽清辉发。
> 但见宵从海上来,宁知晓向云间没。
> 白兔捣药秋复春,嫦娥孤栖与谁怜。
> 今人不见古时月,今月曾经照古人。
> 古人今人若流水,共看明月皆如此。
> 唯愿当歌对酒时,月光常照金樽里。

  诗人虽时处被贬逆旅之中,"却具达观特识之胸怀,不戚戚于得失",淡然江山代谢,人流如水,反而心旷神怡,宠辱皆忘;面对宇宙无垠,感触无限,慕月之华,玩月之光,对酒当歌,举杯问月,风流倜傥之态,飘逸浪漫之意溢于言表,其人格性情何等超脱潇洒!心怀胸襟何等豁达辽阔!

  为纪念李白,恩施在唐代曾修建问月亭。历经近千年岁月洗礼,虽数次重修,到明朝已是壁破柱朽。天启七年(1627年)问月亭重建,明代吏部郎邹维琏撰《重建问月亭记》有言:"施城北碧波山则有太白问月台,一峰特耸,天阔无垠,江山崖壑,城郭烟村,无不在目;天籁泉响,鸟语猿声,无不在耳,诚施城之大观也。"一百多年后乾隆四十年(1755年)再次重建问月亭。据《施南府志》记载:"亭高十丈,为檐三重,四翼翘然,仿'黄鹤楼'之势,以祀太白。"至今,问月亭仅存一块石碑存放在文昌阁。清末湖广总督张之洞曾为恩施问月亭题写对联:

> 亭如人好;月比山高。
>
> 有亭翼然,可许题诗玩明月;
> 斯人宛在,曾经把酒问青天。

  当我们正从欣赏张公所题对联到沉醉于问月诗的缥缈意境时,朋友J君将一枚深浮雕具象云锦石"举杯邀明月"捧至让我们欣赏。此石周边饰满两圈浮雕美纹,花边内含桃形石胎,白润如玉;上部隐含一如玛瑙石核剖面显露,酷似一轮清丽满月,圣光朗照,天地明媚,呈"皓色千里澄辉"境界;月下右侧立一方醉舞步者,即太白也。冠带楚楚,右足欲迈,右袖飘然,而左臂高举金樽向月,似邀月语。石中情景历历在目,李白形象栩栩如生,几疑"斯人宛在",霎时间仿佛时空倒转,让我们在清江碧流中,隐约见到了千百年前诗人英姿仙骨之投影。《把酒问月》诗表现了李白强烈的宇宙意识与生命意识,尽显谪仙豪放不羁的神韵风采与孤高出尘的浪漫情怀,似乎让我们听到了李白那些字字玑珠、流韵千古的咏月诗句在茫茫的星空中如天籁神曲般地传扬回响。

"水影弄月色,清光奈愁何。"

——《月夜听卢子顺弹琴》

"玉阶生白露,夜久侵罗袜。却下水晶帘,玲珑望秋月。"

——《玉阶怨》

"明月出天山,苍茫云海间。"

——《关山月》

"月下飞天镜,云生结海楼。"

——《渡荆门送别》

明月不归沉碧海,白云愁色满苍梧。

——《哭晁卿衡》

"我欲因之梦吴越,一夜飞渡镜湖月。"

——《梦游天姥吟留别》

"人生得意须尽欢,莫使金樽空对月。"

——《将进酒》

"俱怀逸兴壮思飞,欲上青天览明月。"

——《宣州谢朓楼饯别校书叔云》

据《全唐诗》统计,李白的近千首诗中涉及月亮的就有400多首,仅"月"的意象就出现了336次。这还不算那些如"玉盘"、"天镜"、"明镜"、"玉兔"、"嫦娥"等月亮的代称。李白咏月诗中的月亮是诗人高洁品质的象征,是亲情乡思的寄托,是纯洁友谊的载体;是离愁别恨的情丝,是诗人怀古伤今的感叹,也是诗人失意孤寂时的伴侣。在李白的月光银辉里,诗人与月融合同构,合二为一,变幻着一个个迷离浪漫的境界,或者说月亮就是诗人心目中永恒的圣洁美神。

伟大的物理学家爱因斯坦说过:"我们能经验到的最美丽的事物就是'神秘'。"自然美的根本性的依赖在于自然本身,在于自然本源的、潜在而神秘的力量。充满无数神秘的中国云锦石就是在世纪之交,让我们有幸经验到的"最美丽的事物"之一。云锦石自然美的种种表现形式既具有实实在在的物质性,又充满玄妙奇幻、深不可测的神秘性。正是伟大的大自然赐给云锦石雕云琢锦的天生丽质,以诡异奇绝、无与伦比的自然美,当之无愧地成为中华奇石文化王国中风华绝代的奇石皇后。

中国云锦石也许是清江的碧波秀色所凝结而成的水之魂魄,也许是五峰连珠的妩媚山影幻化而成的山之精灵,也许是漫天飘荡的锦绣云阵浓缩而成的云之根结,或者说中国云锦石就是土家儿女心中完美无瑕的圣洁美神。上天把云锦石宝慷慨赐予恩施,恩施也无私将云锦石宝献给中华奇石宝库,让源远流长的中华奇石文化更加灿烂辉煌,光耀神州环宇。为感谢八百里清江以万载不息的碧波雪涛,孕育出云锦石这一金枝玉叶似的宁馨儿,我们无论如何也要让这颗熠熠夺目的奇石新星与日月同辉,恒久永世闪耀在那浩瀚无垠的碧空天幕中。

朋友,让我们仿效遥遥千古之举杯问月的太白,登临清江碧波之峰,畅饮曲水流觞之琼浆,弹奏春江花月夜之旋律，陶醉于谪仙《把酒问月》诗梦幻般的意境之中，为恩施一大宝藏——天赐美雕云锦石那叹为观止的奇幻绝美而尽情讴歌曼舞吧！为独产于恩施的国宝级珍稀资源——中国云锦魔石所具有的无限审美价值和永恒收藏价值而任性骄傲自豪吧！

……

今人不见古时月，今月曾经照古人。

古人今人若流水，共看明月皆如此。

……

主要参考文献

陈国源.从西泠印社春拍看东方艺术品的价值取向.中国收藏家通讯,2007,5(4)

陈望衡.中国美学史.北京:人民出版社,2005

段志安.根雕艺术.武汉:湖北科技出版社,1999

高润身、高敬菊.<容美记游>评注.武汉:湖北人民出版社,2006

江柳.奇石美学论集.武汉:长江文艺出版社,2000

蒋孔阳、朱立元.美学原理.上海:华东师范大学出版社,1999

来层林.奇石美学.宜昌:中国三峡出版社,1997

李家珍等.中国菊花石.武汉:中国地质大学出版社,1999

李醒尘等.西方美学史教程.北京:北京大学出版社,2005

李远国.至美无象——论道家的美学思想.中华文化论坛,2004,4

郦道元.水经注.长春:时代文艺出版社,2001

刘刚纪.试论中国赏石的文化.奇石探究,2001

刘勰.文心雕龙.上海:上海古籍出版社,2010

罗献林、刘文龙.中外奇石.北京:北京科学技术出版社,1999

彭锋.完美的自然.北京:北京大学出版社,2005

舒勤荣.美石大观.武汉:中国地质大学出版社,2007

孙庆芳、孙毅.中国石文化.北京:时事出版社,2007

汪天亮.抽象的传统与传统的抽象——论中国古代漆画的抽象特性.福建师范大学学报(哲学社会科学版),2007,5

王朝闻.石道因缘.杭州:浙江人民美术出版社,2000

吴冠中.关于抽象美.美术,1980,10

向极鼎.图像石艺.武汉:湖北美术出版社,2006

谢崇安.石雕鉴赏.南宁:漓江出版社,1998

颜鸿蜀、王珠珍.图案.北京:高等教育出版社,2002

杨维增、何洁冰.周易基础.广州:花城出版社,1994

张瑞君.李白集.太原:三晋出版社,2008

张训彩.中国灵璧奇石.郑州:中国古籍出版社,2006

中华人民共和国国土资源部.观赏石鉴评标准,2007

朱光潜.谈美书简.北京,人民文学出版社,2001

庄周、李耳.老子·庄子.北京:北京出版社,2006

(爱沙尼亚)斯托洛维奇.审美价值的本质.北京:中国社会科学出版社,2007

(美)乔治·桑塔耶纳.美感.北京:中国社会科学出版社,1982

(瑞士)荣格.荣格性格哲学.北京:九州出版社,2003

(苏)鲍列夫.美学.北京:中国文联出版公司,1986

(意)冈布里奇.艺术与幻觉.长沙:湖南人民出版社,1987

景观类

涛头汹汹雷山倾
25cm×35cm×24cm 刘兴玲 藏

影浮七级独含情
16cm×20cm×8cm 罗云峰 藏

九天腾龙
34cm×19cm×18cm 王胜凤 藏

层岚叠雾
15cm×20cm×10cm 严石 藏

天梯
18cm×18cm×9cm 王胜凤 藏

热点聚焦
25cm×15cm×10cm 王胜凤 藏

灵光遥与白云连
15cm×26cm×12cm 冉丛林 藏

太平吉象
27cm×16cm×9cm 王胜凤 藏

景观类

风生水起
20cm×16cm×12cm 龙运 藏

斗羊节
23cm×17cm×6cm 郑昌雄 藏

璎珞峰
18cm×27cm×13cm 郑昌雄 藏

海港灯塔
24cm×16cm×13cm 张波 藏

玉龙捧珠
17cm×17cm×10cm 卢松 藏

冰川雪原
49cm×16cm×13cm 卢松 藏

暮从碧山下
30cm×25cm×15cm 田景远 田军 藏

砥柱峰
18cm×35cm×12cm 何波 藏

麒麟峰
13cm×30cm×14cm 黄大成 藏

群童嬉戏
24cm×21cm×12cm 龚和生 藏

待月西厢下
15cm×25cm×8cm 任君 藏

云冈石窟
19cm×21cm×10cm 苏小云 藏

雪原牧场
15cm × 19cm × 8cm 云阳 藏

鸟语花香
28cm × 16cm × 13cm 王胜凤 藏

花繁蝶舞
20cm×40cm×18cm 董华彪 藏

面壁参禅
13cm×28cm×15cm 董华彪 藏

凌摩降雪
22cm×12cm×6cm 冉丛林 藏

火焰山
32cm×20cm×13cm 王祖德 藏

瞻若重霄
20cm×30cm×16cm 清虚 藏

水帘洞
20cm×16cm×5cm 李正炳 藏

满园春色
20cm×23cm×10cm 东君 藏

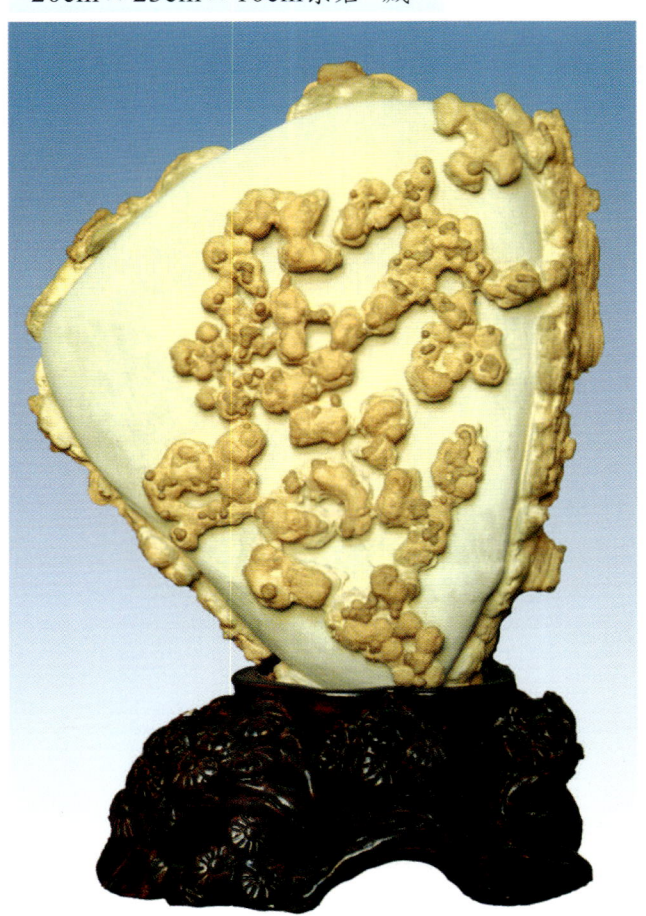

锦绣江山
17cm×21cm×9cm 卢韦 藏

同舟共济
17cm×22cm×10cm 卢松 藏

森林之歌
30cm×25cm×13cm 王胜凤 藏

千面观音
14cm×36cm×7cm 卢冬琳 藏

相见时难别亦难
13cm×18cm×7cm 杨尚润 藏

野山荒原
20cm×16cm×10cm 杨尚润 藏

飞天仙姿
21cm×18cm×7cm 杨尚润 藏

飞流直下
20cm×45cm×23cm 廖光标 藏

双子峰
30cm×20cm×12cm 廖光标 藏

佛国仙会
20cm×19cm×10cm 何波 藏

舍身饲虎
15cm×22cm×9cm 何波 藏

小青莲朵
20cm×28cm×16cm 乾坤 藏

瑜伽灵境
22cm×15cm×8cm 卢松 藏

瓜棚果园
20cm×25cm×18cm 赵宏林 藏

春满乾坤
20cm×30cm×16cm 黄大成 藏

宇宙洪荒
34cm×17cm×17cm 黄大成 藏

莽莽昆仑
30cm×18cm×16cm 何波 藏

莲泉峰
17cm×22cm×12cm 神力 藏

举杯邀明月
17cm×17cm×5cm 蒋远兴 藏

鲤跃龙门
20cm×15cm×13cm 杨尚润 藏

卓然见高枝
20cm×14cm×10cm 曹泽恩 藏

角斗士
26cm×18cm×10cm 廖光标 藏

荔枝园
18cm×16cm×10cm 黄大成 藏

奔兔追潮
14cm×17cm×10cm 任君 藏

走马灯影
15cm×12cm×10cm 曹泽恩 藏

翠峰如簇
22cm×13cm×7cm 黄大成 藏

沧浪空阔
28cm×17cm×19cm 李学富 藏

暗香浮动月黄昏
27cm×28cm×12cm 廖光标 藏

椰林秋实
13cm×18cm×12cm 黄大成 藏

煤山雪峰
20cm×23cm×15cm 清虚 藏

天涯共此时
25cm×15cm×5cm 徐长桂 藏

兔之狂舞
14cm×21cm×9cm 王祖德 藏

金风玉露一相逢
24cm×28cm×16cm 胡勇 藏

天体浴风
24cm×18cm×12cm 卢冬琳 藏

高处不胜寒
26cm×17cm×10cm 黄大成 藏

狂欢猴山
23cm×37cm×14cm 黄大成 藏

攀岩附壁巴山虎
31cm×27cm×12cm 黄大成 藏

弄潮钱塘
24cm×18cm×8cm 卢韦 藏

逆风飞扬
22cm×20cm×8cm 卢冬琳 藏

地球村
27cm×24cm×20cm 清虚 藏

卧仙岭
30cm×17cm×13cm 何波 藏

乡村喜庆
17cm×22cm×15cm 向中华 藏

黄河之水天上来
13cm×17cm×8cm 曹泽恩 藏

草船借箭
23cm×15cm×15cm 蒋远兴 藏

倒海翻江卷巨澜
17cm×15cm×13cm 蒋远兴 藏

千佛山
18cm×26cm×15cm 卢松 藏

景观类 · 165 ·

擎天峰
15cm×32cm×10cm 冉丛林 藏

天高任鸟飞
24cm×17cm×15cm 卢香玲 藏

麒麟献瑞
31cm×16cm×7cm 苏小云 藏

梅虽逊雪三分白
22cm×30cm×17cm 卢冬琳 藏

海底迷宫
19cm×14cm×14cm 卢松 藏

潜龙在渊
26cm×22cm×18cm 郑昌东 藏

香远益清
17cm×19cm×8cm 罗云峰 藏

八仙飘海
22cm×18cm×12cm 黄大成 藏

琼枝凌空
15cm×26cm×8cm 徐长桂 藏

镜中花影
20cm×20cm×13cm 卢韦 藏

众志成城
36cm×16cm×10cm 胡勇 藏

送子观音
20cm×15cm×6cm 冉丛林 藏

云破月来
12cm×21cm×6cm 卢冬琳 藏

天涯海角
22cm×17cm×10cm 杨尚润 藏

凤凰涅槃
17cm×21cm×6cm 卢松 藏

灵山鹫岭
18cm×29cm×16cm 杨尚润 藏

景观类 · 171 ·

聚瑞峰
16cm×32cm×12cm 郑昌东 藏

横空出世
26cm×17cm×16cm 王祖德 藏

卧佛巨塔
18cm×48cm×16cm 王兆华 藏

东临碣石
15cm×38cm×10cm 郑昌东 藏

千帆竞发
29cm×18cm×15cm 冉丛林 藏

土司洞府
29cm×18cm×10cm 苏小云 藏

蓬莱仙境
14cm×18cm×11cm 苏小云 藏

金字悬塔
23cm×23cm×13cm 王兆华 藏

守株待兔
25cm×34cm×15cm 周末 藏

窗含西岭千秋雪
18cm×21cm×12cm 黄大成 藏

响遏行云
19cm×27cm×12cm 吴飞 藏

古炮台
30cm×18cm×8cm 卢香玲 藏

龟鹰谐处
17cm×20cm×9cm 李正炳 藏

狐狸与农夫
15cm×13cm×4cm 卢韦 藏

散作乾坤万里春
26cm×31cm×15cm 冉丛林 藏

天生一个仙人洞
18cm×16cm×8cm 廖光标 藏

枯木逢春
11cm×18cm×7cm 卢松 藏

纵览云飞
16cm×32cm×12cm 冉丛林 藏

金镶玉峰
20cm×30cm×16cm 何波 藏

古堡遗迹
33cm×20cm×18cm 赵宏林 藏

轨道卫星
18cm×14cm×10cm 王祖德 藏

刺破青天锷未残
20cm×48cm×10cm 董华彪 藏

海上明月共潮生
17cm×13cm×4cm 冉丛林 藏

鏖战图
21cm×21cm×12cm 王胜凤 藏

气象万千
22cm×20cm×9cm 清虚 藏

春涧鹿鸣
26cm×22cm×11cm 广兴 藏

丹凤朝阳
15cm×12cm×4cm 冉丛林 藏

图纹类

不废川江万古流
23cm×17cm×9cm 黄大成 藏

体操王子
17cm×20cm×10cm黄大成 藏

荔枝婆娑结硕果
12cm×15cm×7cm卢松 藏

珊瑚礁
15cm×22cm×6cm 卢韦 藏

长袖善舞
20cm×15cm×6cm 何波 藏

南天一柱
13cm×35cm×10cm 王胜凤 藏

猎犬逐兔
20cm×17cm×7cm 苏小云 藏

笑傲江湖
20cm×12cm×10cm 卢松 藏

青云直上
20cm×32cm×13cm 杨尚润 藏

图纹类 ·189·

皮影
12cm×7cm×4cm 冉丛林 藏

财源滚滚
25cm×17cm×16cm 董华彪 藏

紫烟袅袅
16cm×18cm×9cm 刘兴玲 藏

羊怪面具
18cm×22cm×10cm 徐长桂 藏

烟霞纷纷
20cm×16cm×8cm 李学富 藏

黑隼
14cm×21cm×6cm 卞玉 藏

黄绢幼妇
14cm×16cm×6cm 卢松 藏

不看僧面看佛面
14cm×18cm×6cm 东郭 藏

满架高撑紫洛索
24cm×15cm×14cm 蒋远兴 藏

涵虚混太清
15cm×16cm×6cm 刘兴玲 藏

童趣
17cm×22cm×8cm 何波 藏

米鼠王宫
20cm×20cm×8cm 王胜凤 藏

史卷
26cm×17cm×15cm 孙邦复 藏

悟空借扇
16cm×19cm×6cm 何波 藏

满面春风
17cm×27cm×10cm 卢松 藏

笼中鸟
18cm×28cm×19cm 黄大成 藏

春水涟漪
29cm×24cm×15cm 卢冬琳 藏

眼镜王蛇
20cm×17cm×12cm 卢松 藏

天马行空
26cm×36cm×21cm 孙邦复 藏

芦笙恋歌
16cm×25cm×10cm 王祖德 藏

火眼金睛
25cm×35cm×14cm 廖光标 藏

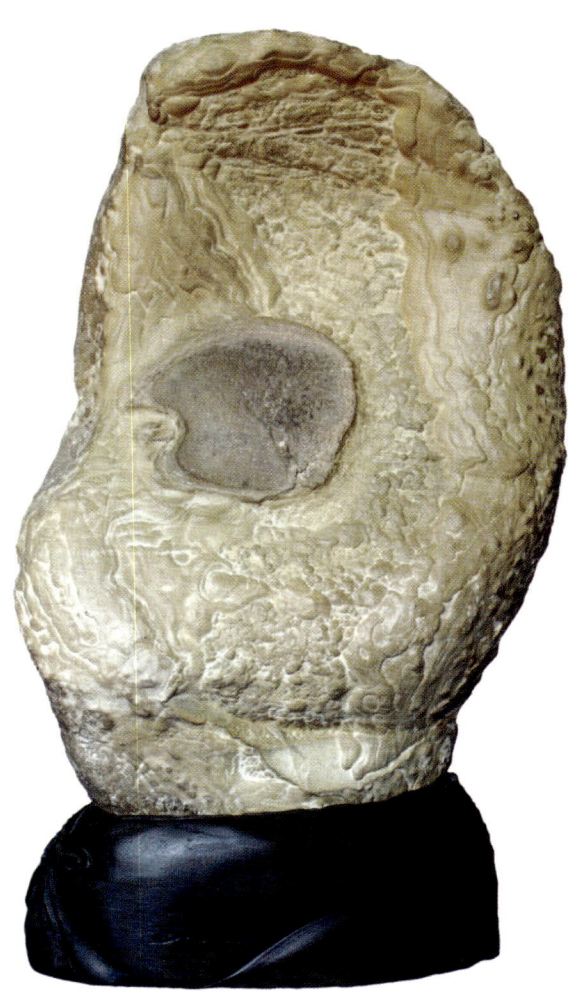

餐霞漱澄
15cm×10cm×7cm 卢韦 藏

吉祥如意
20cm×30cm×13cm 孙邦复 藏

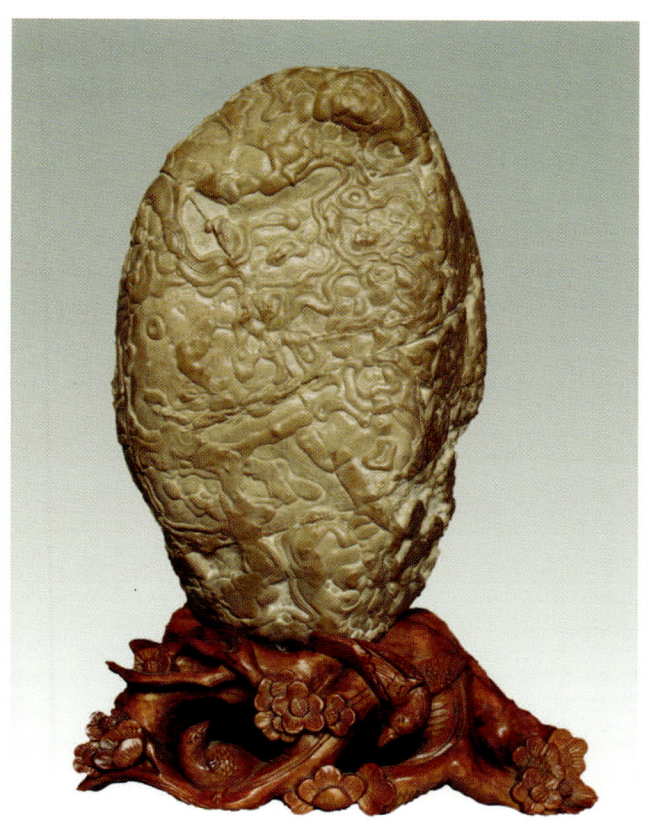

鲲鹏展翅
26cm×32cm×12cm 黄大成 藏

雪狐
18cm×20cm×8cm 卢冬琳 藏

生命摇篮
20cm×15cm×8cm 冉丛林 藏

肚瓶威士忌
19cm×26cm×12cm 卢松 藏

钟馗捉鬼
20cm×22cm×10cm 王祖德 藏

刑天舞干戚
28cm×26cm×10cm 黄大成 藏

点石成金
15cm×18cm×10cm 卢冬琳 藏

世上已千年
26cm×15cm×13cm 杨尚润 藏

孔雀戏水
18cm×14cm×6cm 易水 藏

梦幻曲
11cm×12cm×3cm 王祖德 藏

摇篮曲
18cm×16cm×8cm 龚和生 藏

智多星
14cm×18cm×7cm 杨尚润 藏

七星玉佩
12cm×14cm×5cm 卢冬琳 藏

贝叶真经
22cm×35cm×8cm 黄大成 藏

彩云双龟
17cm×13cm×5cm 孙邦复 藏

风月宝鉴
12cm×14cm×3cm 李正炳 藏

宫廷铜狮
19cm×22cm×13cm 王祖德 藏

猫戏图
16cm×13cm×5cm 黄大成 藏

力拔山兮气盖世
13cm×14cm×7cm 黄大成 藏

卷起千堆雪
20cm×16cm×10cm 曹泽恩 藏

野火烧不尽
15cm×17cm×10cm 曹泽恩 藏

金蟾望月
18cm×20cm×10cm 卢冬琳 藏

踏平坎坷成大道
22cm×15cm×10cm 李正炳 藏

且饮溪潭一水间
16cm×14cm×5cm 苏小云 藏

霓裳羽衣曲
17cm×14cm×9cm 无语 藏

"古"
13cm×12cm×3cm 袁君 藏

九省通衢
10cm×13cm×5cm 天意 藏

千丝万缕
20cm×22cm×14cm 无语 藏

楚天云龙
35cm×20cm×16cm 曹泽恩 藏

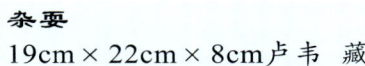

杂耍
19cm×22cm×8cm 卢韦 藏

小丫与小犬
13cm×28cm×8cm 卢冬琳 藏

羽化登仙
18cm×15cm×6cm 卢韦 藏

金蛇狂舞
22cm×16cm×8cm 王祖德 藏

错彩镂金
20cm×24cm×14cm 卢冬琳 藏

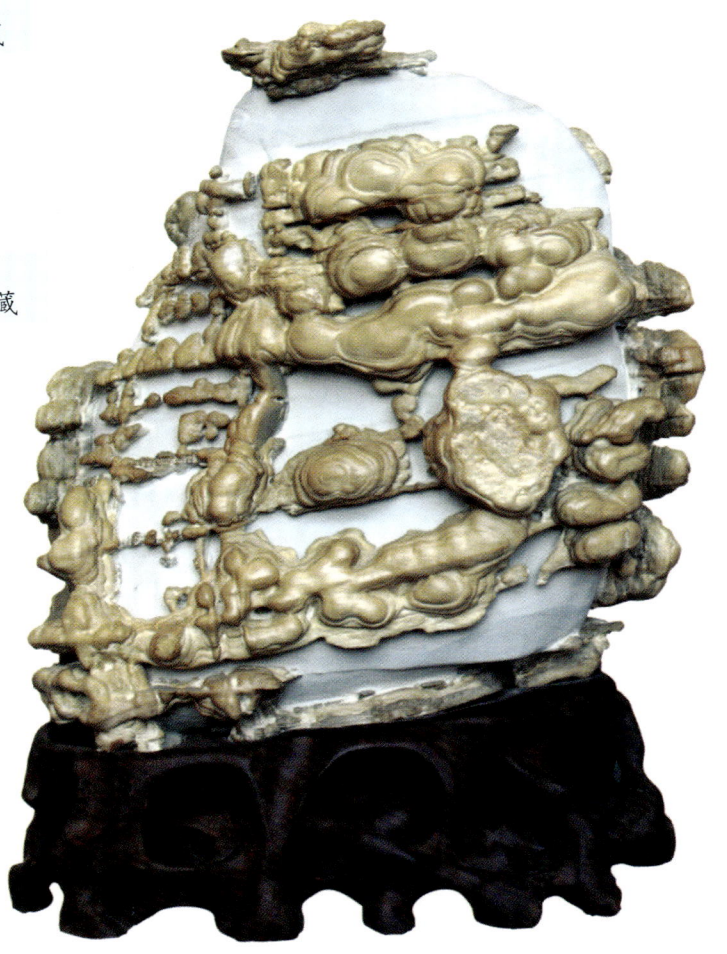

钢琴协奏曲——《黄河》
30cm×20cm×10cm 卢冬琳 藏

流星雨
24cm×43cm×20cm 余新桥 藏

网上冲浪
16cm×34cm×10cm 郑昌东 藏

巴山云岗
19cm×30cm×18cm 方宗礼 藏

雕绘满眼
18cm×31cm×7cm 卢冬琳 藏

童年记忆
12cm×14cm×5cm 张友钧 藏

彩陶古韵
21cm×20cm×10cm 陈刚 藏

翩若惊鸿
23cm×30cm×17cm 卢冬琳 藏

金凤玉立
12cm×18cm×5cm 孙邦复 藏

佛之螺结发
20cm×23cm×11cm 李尤斌 藏

狮王之魂
30cm×31cm×23cm 廖光标 藏

齐天大圣
18cm×17cm×10cm 卢香玲 藏

春蚕到死丝方尽
18cm×15cm×3cm 李正炳 藏

玉漏犹滴
17cm×24cm×12cm 夏至 藏

春风杨柳万千条
20cm×30cm×16cm 黄大成 藏

雕栏玉砌
16cm×23cm×8cm 卢韦 藏

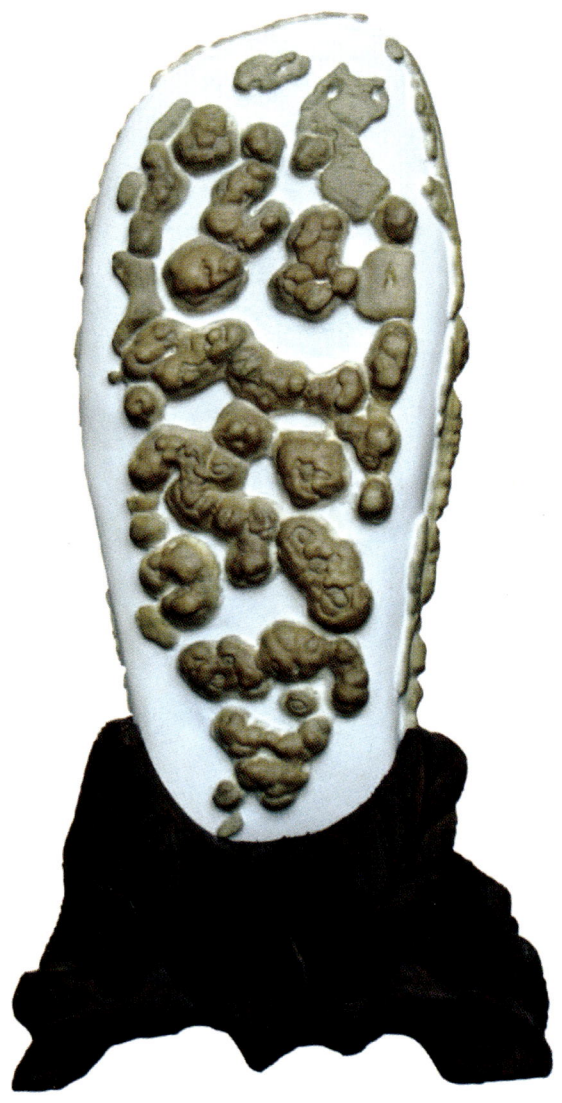

百子闹春
9cm×21cm×5cm 卢韦 藏

中华钱庄
15cm×30cm×8cm 王胜凤 藏

疑似银河落九天
17cm×27cm×9cm 卢松 藏

花团锦簇
15cm×17cm×9cm 何波 藏

螳螂捕蝉
22cm×21cm×12cm 蒋远兴 藏

巍巍丰碑
15cm×25cm×14cm 何波 藏

黑珊瑚
22cm×18cm×10cm 扁舟 藏

六小龄童
14cm×13cm×7cm 杨尚润 藏

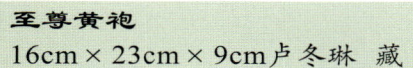

至尊黄袍
16cm×23cm×9cm 卢冬琳 藏

脸谱艺术
22cm×21cm×10cm 董华彪 藏

百家锁
34cm×21cm×10cm 王胜凤 藏

天女散花
11cm×25cm×11cm 方宗礼 藏

造型类

万古云霄一羽毛
18cm×20cm×13cm 王祖德 藏

金丝狸鼠
19cm×12cm×7cm 方宗礼 藏

长臂巨猿
17cm×26cm×8cm 卢韦 藏

慈母手中线
12cm×16cm×8cm 冉丛林 藏

女王风采
18cm×26cm×7cm 彼得 藏

大智若愚
29cm×24cm×18cm 何波 藏

一代名伶
14cm×16cm×8cm 雕龙 藏

海燕之歌
13cm×15cm×7cm 卡佳 藏

金猪送福
20cm×14cm×10cm 郑昌东 藏

造型类 · 227 ·

雌雄莫辨
28cm×15cm×10cm 何波 藏

传国玉玺
17cm×15cm×10cm 曹泽恩 藏

绅士礼帽
12cm×8cm×6cm 冉丛林 藏

金龟渡海
31cm×11cm×12cm 李尤斌 藏

天下第一石痴
10cm×20cm×5cm 冉丛林 藏

气冲霄汉
16cm×12cm×8cm 李尤斌 藏

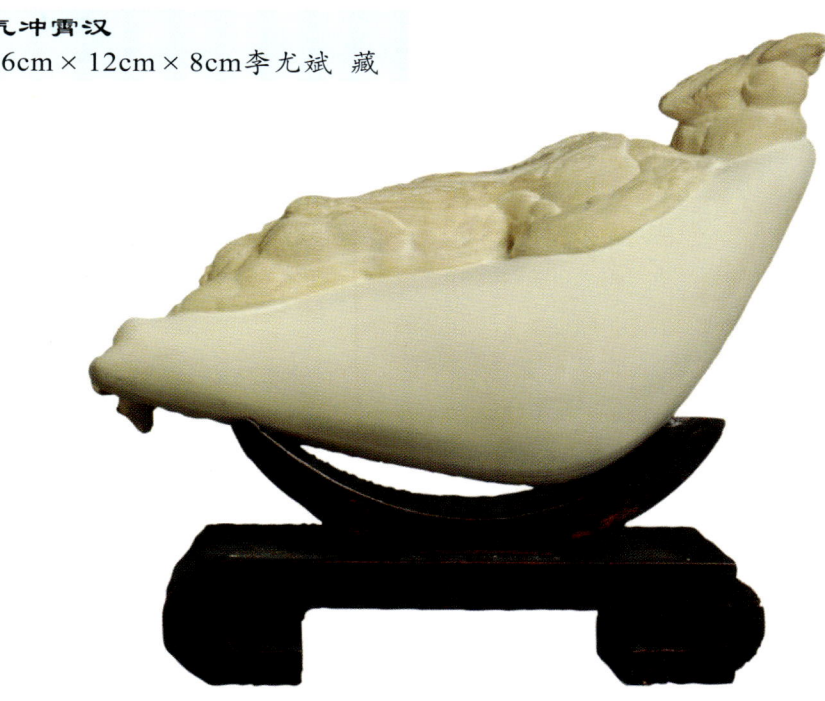

罗马战将
14cm×21cm×6cm 赵宏林 藏

雄起
19cm×18cm×11cm 王祖德 藏

所向披靡
36cm×18cm×16cm 陈刚 藏

瑞狮祥舞
17cm×19cm×10cm 淡然 藏

诗赞羔羊
18cm×13cm×6cm 杨尚润 藏

山寨王
17cm×18cm×9cm 何波 藏

大主教
12cm×20cm×7cm 王祖德 藏

白盔白甲一身胆
10cm×15cm×8cm 卢松 藏

九渊骊珠
18cm×15cm×13cm 无为 藏

鸟王
20cm×28cm×10cm 陈胜和 藏

春江水暖
14cm×17cm×15cm 姜元祥 藏

信鸽
15cm×20cm×8cm 刘兴玲 藏

凤还巢
20cm×14cm×10cm 卢冬琳 藏

梦鹭
12cm×20cm×4cm 何波 藏

晶员
36cm×19cm×14cm 杨尚润 藏

金刚力士
17cm×20cm×6cm 黄大成 藏

无才可去补苍天
15cm×20cm×10cm 杨尚润 藏

袖珍电视
20cm×20cm×14cm 何波 藏

右犀左羊尊
32cm×16cm×9cm 东郭 藏

造型类 · 237 ·

洋棋爵士
12cm×18cm×8cm 杨尚润 藏

警钟长鸣
20cm×26cm×12cm 杨尚润 藏

以濡相沫
22cm×12cm×5cm 徐长桂 藏

和平天使
20cm×10cm×9cm 三江 藏

桂冠
19cm×21cm×13cm 何波 藏

秦时明月汉时关
14cm×29cm×8cm 廖光标 藏

雕王猎兔
17cm×14cm×8cm 杨子 藏

神龟
20cm×14cm×10cm 杨尚润 藏

兀鹰远眺
13cm×18cm×7cm 卢冬琳 藏

观音智降红孩儿
16cm×18cm×9cm 孙邦复 藏

重泉自隐居
28cm×12cm×7cm 杨尚润 藏

中东商贾
18cm×20cm×8cm 苏小云 藏

唐老鸭
20cm×15cm×11cm 王祖德 藏

谪仙一酒成百吟
22cm×18cm×9cm 廖光标 藏

一声霹雳惊天下
12cm×18cm×8cm 何波 藏

绍兴花雕
15cm×17cm×12cm 卢韦 藏

志存高远
13cm×21cm×8cm 鹏鹏 藏

志在千里
16cm×8cm×5cm 神力 藏

曲项向天歌
13cm×12cm×7cm 鹏鹏 藏

圆明园生肖猴
14cm×18cm×12cm 黄大成 藏

北极王者
21cm×14cm×10cm 刘兴玲 藏

王冠
27cm×15cm×13cm 琴台 藏

藏佛转轮
22cm×28cm×12cm 陈晓华 李军 藏

观音大士
28cm×50cm×28cm 王兆华 藏

幼狮涉江
17cm×13cm×10cm 王祖德 藏

神蛙
18cm×13cm×11cm 廖光标 藏

顾影自怜
18cm×16cm×9cm 自然 藏

孔雀舞鸣
13cm×11cm×4cm 易水 藏

大力神杯
12cm×26cm×8cm 王胜凤 藏

一片冰心在玉壶
23cm×18cm×13cm 王胜凤 藏

忍者神龟
17cm×15cm×4cm 苏小云 藏

礼佛供果
13cm×10cm×4cm 卢韦 藏

非洲面包树
12cm×20cm×6cm 卢培 藏

一展鸿图
18cm×19cm×7cm 徐长桂 藏

叼烟斗者
13cm×17cm×7cm 卢韦 藏

中亚水罐
20cm×20cm×10cm 刘兴玲 藏

顶礼膜拜
25cm×23cm×20cm 陈晓华 李军 藏

金鸳回眸
20cm×14cm×8cm 清泉 藏

鸟国枭雄
13cm×24cm×21cm 蒋远兴 藏

顽童
20cm×18cm×6cm 老吕 藏

铜雀台
24cm×13cm×7cm 曹泽恩 藏

毕加索之鸽
18cm×11cm×8cm 平安 藏

洪钟万钧
23cm×31cm×14cm 无为 藏

久有凌云志
26cm×13cm×10cm 达生 藏

人寿年丰
12cm×10cm×8cm 东郭 藏

猴面鹰
17cm×13cm×10cm 天意 藏

金龟护蛋
18cm×15cm×8cm 曹泽恩 藏

兔形青花瓷枕
28cm×19cm×16cm 赵宏林 藏

枫桥遗响
15cm×21cm×10cm 冉丛林 藏

玉猪钱扑
19cm×15cm×9cm 卢韦 藏

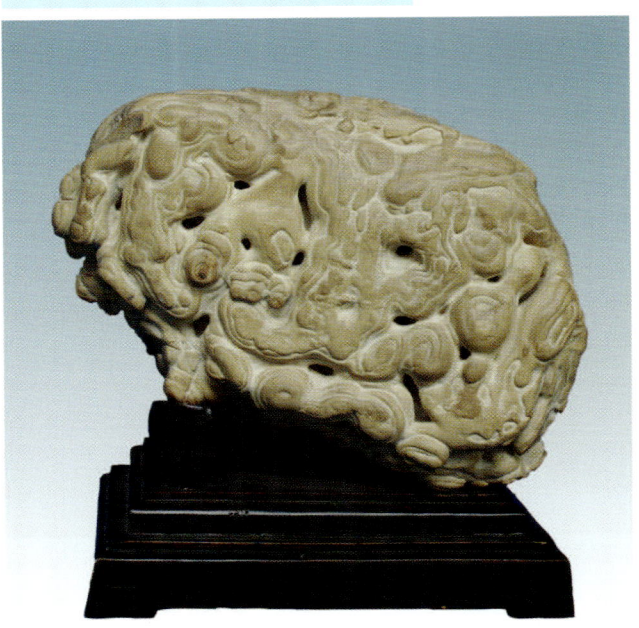

鹤鸣九皋
17cm×13cm×7cm 东郭 藏

人头马
13cm×15cm×8cm 酒鬼 藏

风正一帆悬
13cm×25cm×8cm 杨尚润 藏

威镇一方
15cm×11cm×6cm 冉丛林 藏

肌肤若冰雪
14cm×15cm×8cm 卢韦 藏

三星堆金面罩
7cm×13cm×5cm 卢松 藏

西周大尊缶
15cm×18cm×8cm 冉丛林 藏

双姬献舞
23cm×16cm×10cm 鹤鸣 藏

嫦娥孤栖与谁怜
14cm×19cm×10cm 高士弟 藏

凸目察世
19cm×12cm×11cm 王胜凤 藏

爱尔千岁姿
24cm×14cm×15cm 蓝胜利 藏

芳巢必翠渠
29cm×18cm×14cm 郑刚 藏

丝毛犬
16cm×12cm×8cm 龚和生 藏

亦步亦趋
石AL12cm 石BL14cm 杨尚润 藏

下蛋公鸡
17cm×12cm×6cm 卢冬琳 藏

饕餮
7cm×13cm×6cm 刘兴玲 藏

一壶得真趣
18cm×12cm×6cm 卢松 藏

菩提树下出菩提
7cm×17cm×6cm 苏小云 藏

乡村货郎
20cm×18cm×8cm 卢冬琳 藏

黄钟大吕
20cm×25cm×15cm 任君 藏

巨钻在握
13cm×10cm×7cm 卢冬琳 藏

金编钟
13cm×18cm×8cm 何波 藏

瓷瓶
12cm×13cm×9cm 冉丛林 藏

青铜佰方鼎
18cm×12cm×10cm 杨尚润 藏

犀牛雄风
20cm×14cm×8cm 五湖 藏

天苍苍,野茫茫
16cm×16cm×8cm 王祖德 藏

卢沟狮吼
17cm×28cm×12cm 卢冬琳 藏

宝刀利刃
15cm×21cm×4cm 黄大成 藏

始皇御驾
23cm×19cm×13cm 卢韦 藏

非鳞非甲
20cm×12cm×5cm 杨尚润 藏

青花梅瓶
18cm×25cm×10cm 卢韦 藏

童面寿桃
20cm×17cm×8cm 黄大成 藏

百宝箱
18cm×19cm×10cm 冉丛林 藏

王者风范
18cm×15cm×7cm 卢韦 藏

金装玉佛
14cm×16cm×10cm 卢冬琳 藏

生公说法
40cm×24cm×20cm 邓君 藏

二人转舞
19cm×17cm×8cm 硒客来 藏

貌得婵娟月
14cm×16cm×5cm 毛传明 藏

金童玉女
17cm×37cm×8cm 曹泽恩 藏

仙麋洒雪
22cm×15cm×13cm 廖光标 藏

沐猴而冠
12cm×17cm×8cm 杨尚润 藏

咆哮怒狮
20cm×21cm×11cm 黄大成 藏

长颈恐龙
19cm×16cm×6cm 徐长桂 藏

飞碟山子
27cm×12cm×10cm 卢韦 藏

严阵以待
16cm×14cm×8cm 冉丛林 藏

清帝之冠
32cm×15cm×20cm 廖光标 藏

破茧化蝶
12cm×18cm×5cm 冉丛林 藏

猴儿垒雪人
13cm×20cm×8cm 李学富 藏

殷墟石鸮
22cm×30cm×16cm 李正炳 藏

金龟与螳螂
20cm×12cm×8cm 大家 藏

蒙面义侠
13cm×16cm×8cm 卢韦 藏

复活节蛋
11cm×17cm×8cm 卢松 藏

欧式古堡
21cm×12cm×12cm 卡佳 藏

独卧青灯古佛旁
17cm×17cm×7cm 卢松 藏

有容乃大
22cm×22cm×11cm 何波 藏

掌中宝
15cm×9cm×5cm 卢冬琳 藏

蟠桃
12cm×14cm×8cm 黄大成 藏

称象之舟
17cm×10cm×6cm 东郭 藏

赤子无敌
18cm×13cm×8cm 王胜凤 藏

圣火熊熊
14cm×20cm×4cm 赵宏林 藏

羽丰翼满
22cm×11cm×12cm 无为 藏

春秋礼器
22cm×16cm×15cm 大地 藏

裸裸佛
20cm×25cm×14cm 达生 藏

思想者
14cm×19cm×12cm 龙河 藏

镇海利剑
34cm×18cm×6cm 卢韦 藏

百年树人
24cm×15cm×10cm 卢冬琳 藏

鎏金硕鼠
20cm×16cm×8cm 卢冬琳 藏

粉翎栖画阁
21cm×17cm×9cm 杨尚润 藏

图南附鹏翼
18cm×14cm×5cm 卢松 藏

伏虎英雄
13cm×17cm×6cm 何波 藏

工艺品

云锦砚"贡水"
L35cm 杨尚润 藏

云锦砚"金蟾"
L28cm 李尤斌 藏

云锦石烟缸"三江通"
L18cm 徐长桂 藏

云锦砚"夷水"
L35cm 京可 藏

云锦砚"汉水"
L35cm 大地 藏

云锦砚"丽水"
L36cm 若飞 藏

云锦砚"太湖"
L30cm 问月 藏

云锦石水盂
L16cm 胡佑仁 藏

虎钮易卦云锦砚
L28cm 海生 藏

原堂天生云锦砚"月牙泉"
L23cm 孙邦复 藏

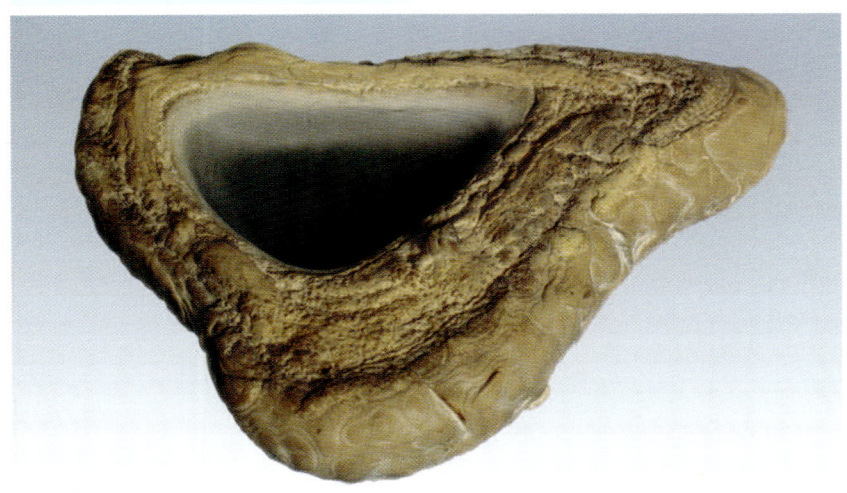

云锦砚"大才"
L19cm 蓝玉 藏

易卦云锦砚"凤兮"
L33cm 力士 藏

云锦砚"方田"
L26cm 蒋远兴 藏

云锦石笔洗"老井"
L20cm 茅塞 藏

云锦石烟缸"猴面"
L14cm 闲人 藏

云锦砚"天池雪"
L20cm 李尤斌 藏

云锦石笔筒"炼金炉"
h16cm 杨尚润 藏

云锦砚"葫芦"
L21cm 黄大成 藏

云锦砚"泾渭"
L22cm 黄大成 藏

云锦石笔筒"一统江山"
h28cm 东海 藏

云锦石笔洗"青花蓝菡鼎"
L26cm 东海 藏

云锦石笔洗
L15cm 黄大成 藏

云锦石笔洗
L20cm 杨尚润 藏

云锦石酒壶
h22cm 杨尚润 藏

云锦石笔洗"仙姑绣履"
L28cm 杨尚润 藏

云锦石笔筒"举案齐眉"
h16cm 杨尚润 藏

恩施奇石三宝组合
（云锦石菊花石清江卵石）
古月 藏

云锦砚"环礁湖"
L35cm 万山 藏

云锦石水盂"紫金钵"
L13cm 徐长桂 藏

云锦石笔筒"紫竹风"
h20cm 凡夫 藏

云锦砚"玄武"
L20cm 青莲 藏

云锦石笔洗"连珠"
L20cm 杨尚润 藏

云锦砚"柳影"
L22cm 杨尚润 藏

云锦石笔筒"五车"
h18cm 赵宏林 藏

云锦石四套砚"黄鹤楼"
L24cm 万千 藏

云锦石四套砚"黄鹤楼"叠合为石外观

后 记

好事多磨,水到渠成。《中国云锦石》一书终于问世。

本研究课题是在中共恩施自治州州委、州人民政府、湖北省地矿局主要领导同志的重视支持下完成的,并得到众多石友的理解配合,在此一并致以衷心的感谢!

我们要向为本书题词、题书名的老红军、中国人民解放军原空军副司令员王定烈将军,《清江壮歌》的作者、当代著名作家、原中国作家协会副主席马识途,中国观赏石协会会长寿嘉华,中国收藏家协会会长阎振堂,中国书法家协会主席张海,书法家史世奇先生深表谢意!

我们特向对于本书的成文、审稿给予热诚指导、极大帮助的美学家江柳先生、画家余靖中先生、湖北民族学院文学与传媒学院谭国玺(谭峰)教授、英译前言的外国语学院英语系鲁恩宁教授表达由衷的谢忱!

本书能够正式出版因得到了湖北省地矿局、湖北省观赏石协会的大力支持与帮助,尤其是中国观赏石协会副会长、中国宝玉石协会副会长、湖北省观赏石协会会长、湖北省地矿局局长谢连平欣然为本书作序。在此,特致以诚挚的感谢!

本书得以如愿付梓,亦当非常感谢原课题的主管部门恩施自治州科技局,还应感念和铭记所有直接或间接真诚支持我们的单位和亲友们。

本书参考了李清斋、夏华炳、吕昌品、徐华、王仲、李胜清、杨晨光、张玉能、姚文放、马毅、邓斌等先生的相关网络文章,但未能列入参考文献,敬请谅解并特以致谢。

二〇一一年七月